九《く》九《く》るマス計算法

① 30×60 ＝ 1800

② 30×7 ＝ 210

35 × 67

③ 5×60 ＝ 300

④ 5×7 ＝ 35

35 × 67

	1			
①	1	8	0	0
②		2	1	0
③		3	0	0
④			3	5
	2	3	4	5

※①②③の「0」は最初から表記されています。

本書の著者で、学習塾「マップ教育センター」の塾長・大嶋秀樹です。
これから、魔法の「九九《くく》るマス計算法」の世界へと、私がご案内いたします。

●大嶋秀樹・塾長のごあいさつ

こんにちは、著者の大嶋秀樹です。

私が、塾長をつとめる学習塾・マップ教育センターの監修による「小学算数シリーズ」の初版が、2004年11月に刊行されてから12年が経過しました。ありがたいことに、今なお改訂新版として重版が続けられています。それは、今も変わらず保護者の皆様が、小学算数の家庭学習法に関心を持っていることの証ではないでしょうか。そして一番重要なことは、この家庭学習を通して親子の素敵な時間を持つことであり、それが、子どもの学習意欲や成績の向上、ひいては将来のキャリア形成に必ず役立つという事実です。

さて、この12年間を振り返ると日々社会情勢は変化しており、スマートフォンやタブレット端末に代表されるＩＴ化はとどまることを知らず進歩を続けています。まさに、教育現場はアナログ学習とデジタル学習の融合が求められているのです。マップ教育センターでも小学部の授業の一部にタブレット端末を導入していますが、本当に大切なことは、教える側の人間が常に子どもたちの学習に役立つ「解き方・教え方」を模索して研究し続けることであると私は考えます。

それを、マップ教育センターの大崎哲也先生と共に具現化し、小学部の授業でその効果を実証したのが本書で紹介する「九《く》九《く》るマス計算法」です。小学算数の基礎中の基礎「たし算」と「九《く》九《く》」を複合的に使う、世界初の二桁×二桁の新計算方法は、専用の「九《く》九《く》るマス計算シート」をもちいることで保護者の皆様も簡単に子どもたちに教えることができます。今後の家庭学習における小学算数・計算問題の新機軸となることでしょう。

19 × 91

		1	9
	×	9	1
		1	9
1	7	1	
1	7	2	9

従来の二桁×二桁の筆算

19 × 91

①		9	0	0
②			1	0
③		8	1	0
④				9
	1	7	2	9

九九《くく》るマス計算法

●「九九《くく》るマス計算法」の特徴

「九九《くく》るマス計算法」は、文部科学省の学習指導要領に沿った筆算とは、やり方が異なります。では、上記の計算式をご確認ください。左が従来の筆算で、右が九九《くく》るマス計算法です。詳細は後ほど解説しますが、この九九《くく》るマス計算法は、

- 解答を導くまでに、４回の九九《くく》の計算トレーニングができる
- くり上がりは、たし算の１と２だけで、３～９は出てこない
- １１～９９までの自由な数字選択で、二桁のかけ算の計算問題ができる

などの特徴があり、小学生の計算力を向上させる画期的な計算トレーニング方法です。本書では、マップ教育センターが独自に開発した「九九《くく》るマス計算シート」を使用して保護者の皆様とお子さんがいっしょに考え、学べるように解説します。

ただし、学校教育で習得する、たし算（１年生）→ 九九《くく》（２年生）→ 二桁×二桁の筆算（３年生）はとても大切です。まずは「第１章／九九《くく》るマス計算法を学ぶ前に」で、この基礎学習を、お子さんがきちんと理解しているか必ず確認してから九九《くく》るマス計算法に取り組むようにしてください。また、保護者とお子さんがわかりやすいように、これまでの小学算数シリーズの本文デザインと同様、重要項目や例題などはボードに表記して、解説文はその下に掲載しました。

九九《くく》るマス計算シート（2・4・9問）を使用する計算学習ページは、九九《くく》るマス計算法の「くり上がりなし」～「10の位のみのくり上がり」～「100の位のみのくり上がり」～「10の位と100の位のくり上がり」の手順で進んでいき、問題の２ページ後に解答を掲載してあります（27ページ参照）。そして最後に、「さまざまな九九《くく》るマス計算法」を紹介します。ぜひ、九九《くく》るマス計算法で親子の素敵な時間をお過ごしください。

① 70×60＝4200
② 70×3＝210
78×63
③ 8×60＝480
④ 8×3＝24
78×63
4200
210
480

九九《くく》るマス計算法／第１章

理解度チェック・シート

●「九九《くく》るマス計算法」に取り組む時期について

前述の通り学校教育で習得する、たし算（１年生）→ 九九（２年生）→ 二桁×二桁の筆算（３年生）はとても大切です。あくまでも「九九《くく》るマス計算法」は、小学生の計算力を向上させるための計算トレーニング方法であり、家庭学習における親子で取り組める計算教材であるとお考えください。したがって、**学校の筆算のテストではこの計算法は使用しないでください。**

では、どの段階で九九《くく》るマス計算法に取り組めばいいのでしょうか？ それは学年や年齢ではなく、小学算数・低学年の内容の理解度によって変わります。学習塾に通っていたり、家庭学習において積極的に予習を進めていたりしているケースと、学校教育の進度にしたがった宿題中心の家庭学習のお子さんでは九九《くく》るマス計算法に取り組む時期が異なります。

そのために、「第１章／九九《くく》るマス計算法を学ぶ前に」（5～12 ページ）をもうけており、お子さんの進度を確認することができます。各項目をクリアしていれば、「理解度チェック・シート」の□にチェックを入れてください。そして、すべての項目をクリアしていることを確認してから、九九《くく》るマス計算法に取り組んでください。

「理解度チェック・シート」

- □「10」になるコンビを言えるかな？（7 ページ）
- □くり上がりは「10」を作ることから（7 ページ）
- □くり上がりのない筆算（たし算、8 ページ）
- □くり上がりのある筆算（たし算、8 ページ）
- □くり上がりのある二桁＋二桁の筆算（たし算、9 ページ）
- □三つの数のたし算（足し算、9 ページ）
- □九九《くく》が言えるかな？（10 ページ）
- □二桁（三桁）×一桁の筆算（かけ算、11 ページ）
- □二桁×二桁の筆算（かけ算、12 ページ）

くり上がりの基本

「10」になるコンビ

1+9=10　9+1=10

2+8=10　8+2=10

3+7=10　7+3=10

4+6=10　6+4=10

5+5=10

【例題】6+7=□

・6と7どちらが大きい？
　↓ 7の方が大きい
・7で10を作ってみよう
　↓ 3+7=10
・ということは…
　↓ 6から3をもらおう
・6は3を7にあげたので
　↓ 残りは3

つまり…
6+7=3+3+7
6+7=3+(3+7)
6+7=3+10
6+7=13

考え方のポイント

たし算のくり上がりの基本は「10」がポイント

「10」のコンビを理解して「10」を作ってみよう

□「10」になるコンビを言えるかな？

たし算のくり上がりの基本は「10」という数が、ポイントになります。とても大切なことなので、お子さんに、

「3にいくつを足すと10になるかな？」

「10になる3の相手はいくつ？」

「たすと10になる計算を全部言える（書ける）かな？」

と、問いかけてみてください。

たとえ、お子さんがミスをしても「2+8=10でしょ!」「3+7=10でしょ!」と一方的で画一的な教え方はやめましょう。

ここをマスターできていれば、たし算の基礎は一安心です。次の一桁+一桁のくり上がりを確認してみてください。

□くり上がりは「10」を作ることから

「10」になるコンビについて前述しましたが、基本は「10」を作ることなのです。まず「10」を作る→それから残りの数を加える→解答。この、一桁+一桁のくり上がりのあるたし算の流れを、頭の中に完ぺきに覚え込ませてください。

注意すべきポイントは、上記のように大きい数の方で「10」を作ることです。いくつか問題を出してミスをしているようでしたら、前に戻り「10」になるコンビをゆっくり、確実に覚え直せばいいのです。これができるようであれば、たし算の考え方を理解していることになり、九九《くく》るマス計算法の学習に一歩近づくことになります。

くり上がりと筆算

【例題】56+8=□

56+8=50+6+8

56+8=50+4+(2+8)

56+8=50+4+10

56+8=50+10+4

56+8=60+4

56+8=64

【筆算】

```
  1
  56
+  8
────
  64
```

一の位は6+8なので、14になり「1」くり上がることになる。

くり上がりの「1」を表記します。計算になれてきたら、書かないようにしてみましょう。

考え方のポイント

「10」を作るトレーニングをくり返してみよう

筆算は位《くらい》をそろえることが大切

□ くり上がりのない筆算

一桁+一桁ができたら、くり上がりのない筆算をやってみましょう。

```
  23
+  5
────
  28
```

※二桁＋一桁
一の位は3+5のたし算をする。
十の位はそのままおろす。

```
  23
+ 45
────
  68
```

※二桁＋二桁
一の位は3+5のたし算をする。
十の位は2+4のたし算をする。

□ くり上がりのある筆算

くり上がりのない筆算の次は、くり上がりのある筆算です。ボードの左側に表記された【例題】56+8=□を見てください。前述の筆算23+5=28とは、くり上がりの部分が、異なることがわかります。まずは、基本の「10」を作ることを考えてみましょう。【例題】56+8=□の下に表記された考え方の流れを、保護者とお子さんでいっしょに確認してください。

次に、筆算の注意点についてです。筆算では数の位《くらい》（一の位《くらい》、十の位《くらい》）をそろえることが大切です。また、最初は、くり上がったことを表す数字を、上段の上に小さく表記してみましょう。

くり上がりと三つの数のたし算

【例題】97+38=□

【筆算】

```
  1 1
   97
+  38
  135
```

※二桁+二桁

一の位は、7+8のたし算。答えは15なので一の位に5を書き「1」くり上がる。十の位は、くり上がりの1+9+3のたし算。答えは13なので、十の位に3を書き、くり上がった「1」を、百の位にそのまま書く。

九九《くく》るマス計算に役立つ三つの数のたし算

```
                1         2
   2            3         9
   3            8         9
 + 4        +   7     +   9
   9           18        27
```

まず10を作る
3+7=10
そして10+8=18

9+9+9=27
9 × 3=27
と考えられる。

考え方のポイント

三つの数のたし算も「10」が作れるかを考える

9 + 9 + 9 = 9 × 3

□ くり上がりのある二桁＋二桁の筆算

たし算の仕上げは、くり上がりのある二桁＋二桁の筆算です。ボードの問題の他にも出題してみてください。くり返しになりますが、注意点は以下の３点です。

・くり上がりの基本は 10 を作ることから
・くり上がりの数を小さく書いても OK
・数の位《くらい》をそろえて計算しよう

□ 三つの数のたし算

最後に「九九《くく》るマス計算法」に役立つ、三つの数のたし算をやってみましょう。九九《くく》るマス計算法では、ボードに表記されたような三つの数がタテに並んだ計算が出てきます。

・左は、くり上がりなし
・真ん中は、くり上がりが「1」
・右は、くり上がりが「2」

になります。まずは、お子さんに10を作れる数字が「あるか」「ないか」を確認させましょう。別の問題を出題したときも、10のコンビを含めるといいでしょう。また、同じ数が三つ並んだ場合は、九九《くく》で計算ができることを教えてください。

さて、話は少し脱線しますが、上記の「9」「18」「27」の解答から規則性を発見できますか？ 答えは「九九《くく》の9の段の答え」です。大人には簡単なことですが、子どもたちは、なかなか気づくことができません。ぜひ、質問してみてください。

九九《くく》

	1	2	3	4	5	6	7	8	9
1	1×1=1 いんいちがいち	2×1=2 にいちがに	3×1=3 さんいちがさん	4×1=4 しいちがし	5×1=5 ごいちがご	6×1=6 ろくいちがろく	7×1=7 しちいちがしち	8×1=8 はちいちがはち	9×1=9 くいちがく
2	1×2=2 いんにがに	2×2=4 ににんがし	3×2=6 さんにがろく	4×2=8 しにがはち	5×2=10 ごにじゅう	6×2=12 ろくにじゅうに	7×2=14 しちにじゅうし	8×2=16 はちにじゅうろく	9×2=18 くにじゅうはち
3	1×3=3 いんさんがさん	2×3=6 にさんがろく	3×3=9 さざんがきゅう	4×3=12 しさんじゅうに	5×3=15 ごさんじゅうご	6×3=18 ろくさんじゅうはち	7×3=21 しちさんにじゅういち	8×3=24 はっさんにじゅうし	9×3=27 くさんにじゅうしち
4	1×4=4 いんしがし	2×4=8 にしがはち	3×4=12 さんしじゅうに	4×4=16 ししじゅうろく	5×4=20 ごしにじゅう	6×4=24 ろくしにじゅうし	7×4=28 しちしにじゅうはち	8×4=32 はちしさんじゅうに	9×4=36 くしさんじゅうろく
5	1×5=5 いんごがご	2×5=10 にごじゅう	3×5=15 さんごじゅうご	4×5=20 しごにじゅう	5×5=25 ごごにじゅうご	6×5=30 ろくごさんじゅう	7×5=35 しちごさんじゅうご	8×5=40 はちごしじゅう	9×5=45 くごしじゅうご
6	1×6=6 いんろくがろく	2×6=12 にろくじゅうに	3×6=18 さぶろくじゅうはち	4×6=24 しろくにじゅうし	5×6=30 ごろくさんじゅう	6×6=36 ろくろくさんじゅうろく	7×6=42 しちろくしじゅうに	8×6=48 はちろくしじゅうはち	9×6=54 くろくごじゅうし
7	1×7=7 いんしちがしち	2×7=14 にしちじゅうし	3×7=21 さんしちにじゅういち	4×7=28 ししちにじゅうはち	5×7=35 ごしちさんじゅうご	6×7=42 ろくしちしじゅうに	7×7=49 しちしちしじゅうく	8×7=56 はちしちごじゅうろく	9×7=63 くしちろくじゅうさん
8	1×8=8 いんはちがはち	2×8=16 にはちじゅうろく	3×8=24 さんぱにじゅうし	4×8=32 しはさんじゅうに	5×8=40 ごはしじゅう	6×8=48 ろくはしじゅうはち	7×8=56 しちはごじゅうろく	8×8=64 はっぱろくじゅうし	9×8=72 くはしちじゅうに
9	1×9=9 いんくがく	2×9=18 にくじゅうはち	3×9=27 さんくにじゅうしち	4×9=36 しくさんじゅうろく	5×9=45 ごっくしじゅうご	6×9=54 ろっくごじゅうし	7×9=63 しちくろくじゅうさん	8×9=72 はっくしちじゅうに	9×9=81 くくはちじゅういち

考え方のポイント

九九《くく》はリズムとテンポが重要です

歌を覚える感覚と同じです

□九九《くく》が言えるかな？

たし算の項目が完了したら、次は、かけ算です。最初は一桁×一桁、つまり「九九《くく》」からのスタートになります。そして、本書のタイトルでもある「九九《くく》るマス計算法」は、九九《くく》をマスターしていないとできません。ボードに九九《くく》を掲載しましたが、お子さんがまちがうことなく言えるか確認してみましょう。つまる箇所があれば、覚えるまでくり返してください。以下の解説は、九九《くく》をマスターしていないケースのアドバイスになります。

九九《くく》は机に向かって勉強してもなかなか覚えられません。あえて勉強という意識は持たなくてもかまいません。とにかく、書くことよりも聞いて暗記することが大切です。まずは、九九《くく》を聞かせてあげてください（教材アプリやCDも可）。

たとえば、お風呂に入りながら、就寝前の布団の中、お出かけの車の中など、いつでもどこでもいいのです。歌を覚える感覚で、まずは耳から楽しく暗記できるように心がけましょう。覚えたら、早口言葉にして競争するなどの遊びを取り入れるのもおもしろいでしょう。

親子のコミュニケーションに九九《くく》をぜひ取り入れてみてください。通常、九九《くく》は小学２年生で習うのですが、もし、弟や妹がいるのであればいっしょに聞かせてあげてもいいでしょう。

二桁（三桁）×一桁の筆算

【例題】

```
   24
×   6
   24
  120
  144
```

6×　4＝　24
6×20＝120
　　　　144

くり上がりの数を書きましょう↓

```
   ¹24
×   6
    ²
  144
```

【例題】

```
  472
×   7
   14
  490
 2800
 3304
```

7×　　2＝　　14
7×　70＝　490
7×400＝2800
　　　　　3304

```
  472
×   7
  5 1
 3304
```

二桁×二桁でよくあるミス

```
  78
× 63
 234
 468
 702
```

↑次のページの例題でよくあるミスです。

考え方のポイント

くり上がりの数をたし忘れないようにしよう

くり上がりの数を必ず書きましょう

□ 二桁（三桁）×一桁の筆算

かけ算の筆算の基本形が、ボードの【例題】です。これは、「九《く》九《く》るマス計算法」の基本概念にもつながる大切な考え方になります。はじめは、たし算部分を二段(三段）で表記してもいいでしょう。なれてきたら▶印の右側の解答のように一段表記をするようにしてください。では、数字を変えて出題をしてみましょう。

一段表記の注意点は「くり上がりの数をたし忘れないこと」です。たし算の筆算でも解説しましたが、忘れないため（まちがいをふせぐため）にも「くり上がりの数を書くこと」を実行させましょう。

ミス発生原因のほとんどが、計算ができないのではなく、単純な「うっかりミス」なのです。また、まちがいが増えることで子どもたちがやる気をなくしてしまう可能性があります。九《く》九《く》るマス計算法を覚える前に、「つまらないからヤーめた」では元も子もありません。

したがって、この二桁（三桁）×一桁の筆算で、まちがいのパターンを見つけ出すことが重要になってきます。実は、九《く》九《く》を言えるのと書き込むことはちがうことなので、まちがえる場合もあります。そのときは、保護者の方が根気よく、九《く》九《く》をマスターするためのサポートをしてあげてください。「あなたは九《く》九《く》も覚えてないの！」は、絶対に言ってはならない言葉です。

二桁×二桁の筆算

【例題】78×63= □

【筆算】

```
      7 8
 ×    6 3
 ──────────
      2          ←「かけ算」のくり上がりを書く
    2 3 4        3×78=  234
    4            ←「かけ算」のくり上がりを書く
  4 6 8 0        60×78=4680
 ──────────               4914
    1            ←「たし算」のくり上がりを書く
  4 9 1 4
```

考え方のポイント

二段目の１の位《くらい》には「0」が入っている

かけ算とたし算のくり上がりを書く位置に注意しよう

□ 二桁×二桁の筆算

二桁×二桁の筆算は途中計算が二段になり、以下の２つの注意点があります。

１つ目は、ボードの計算式のように途中計算の二段目の一の位を空けて書く、つまり「0」が入るという考え方です。２つ目は、前ページのくり返しですが、タテの列（たし算部分）の数字をしっかりとそろえて書くことです。数字を雑に書いている場合は要注意で、中には「かけ算」のくり上がりを表記した小さな数をいっしょにたして、答えをまちがえるケースがあります。

さて、いよいよ、次ページから「九九《くく》るマス計算法」を学習するわけですが、ここで通常の筆算と九九《くく》るマス計算法のちがいを解説してみましょう。

では、再びボードの【例題】78×63= □の【筆算】を見てください。通常の筆算では、かけ算のくり上がりと、たし算のくり上がりが混在しています。実は、これが複雑で難しいイメージを、子どもたちにあたえているのです。ただし、通常の筆算は、桁数が増えてもすべて同じ方法で計算ができるという利点があります。

一方、九九《くく》るマス計算法は、二桁×二桁の計算を専用の「九九《くく》るマス計算シート」を使用して、九九《くく》とたし算のトレーニングが同時に行うことができる計算教材です。子どもたちに「カンタンに計算ができた」と自信をもたせることができます。

九《く》九《く》るマス計算法／第２章

78 × 63

		1		
①	4	2	0	0
②		2	1	0
③		4	8	0
④			2	4
	4	9	1	4

※①②③の「0」は最初から表記されています。

次ページに「九《く》九《く》るマス計算法」のくわしい手順とやり方が掲載されています。

①②③④の手順にしたがって計算してみよう

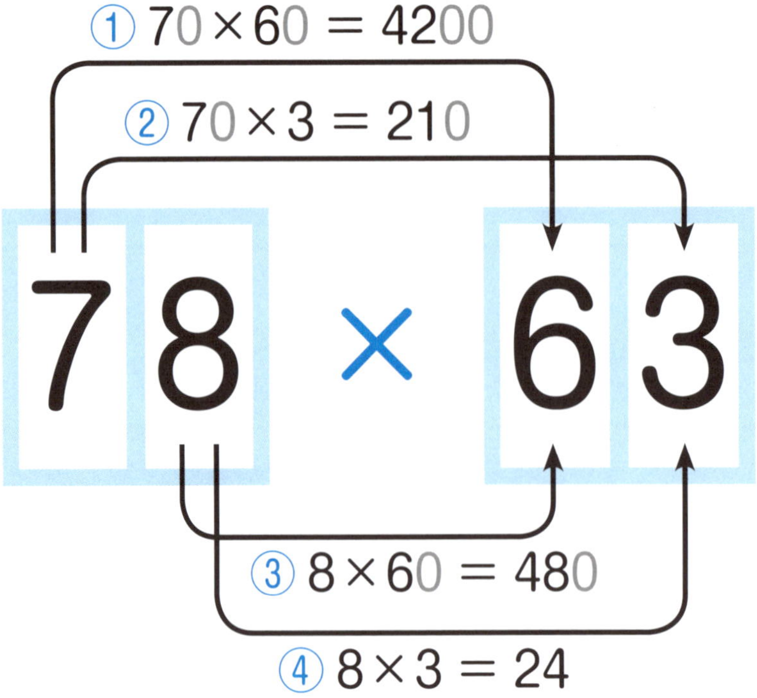
① 70×60 ＝ 4200
② 70×3 ＝ 210
78 × 63
③ 8×60 ＝ 480
④ 8×3 ＝ 24

78 × 63

	千	百	十	一
		1		
①	4	2	0	0
②		2	1	0
③		4	8	0
④			2	4
	4	9	1	4

※①②③の「0」は最初から表記されています。

上の①②③④の手順で九九《くく》の計算を進めて、左の「九九《くく》るマス計算シート」に答えを書き込み、次に、各位《くらい》の①②③④の数字を、たし算してみましょう。

※百の位に、くり上がり「1」があります。

【例題】 92×54

「九九《くく》るマス計算法」で解いてみよう。
左ページの手順とやり方にしたがって、□部分に数字を入れてください。
解答は、16ページに掲載しています。

① □0×□0＝□□00

② □0×□＝□□0

92 × 54

③ □×□0＝□□0

④ □×□＝□

●保護者の方へ
特に低学年の場合は、ゆっくりとあわてずに九九《くく》の計算をやらせてください。
最初は、答えまで言わなくても「くご…」「くし…」「にご…」「にしが…」と、言葉で誘導してもかまいません。

92 × 54

①	□	□	0	0	←① □0×□0＝□□00
②		□	□	0	←② □0×□＝□□0
③		□	□	0	←③ □×□0＝□□0
④				□	←④ □×□＝□
	□	□	□	□	

【例題】の解答　92×54＝4968

①　9 0×5 0＝4 5 00

②　9 0×4＝3 6 0

92 × 54

③　2×5 0＝1 0 0

④　2×4＝8

「九九《くく》るマス計算法」で解くと、このようになります。第1章の、「10」を作ろう、九九《くく》、たし算の筆算、三つの数のたし算などの要素を複合的に使うことで、子どもたちの計算能力が向上します。この後も、さまざまな九九《くく》るマス計算法の問題が続きます。がんばって解いてください。

92 × 54

①	4	5	0	0	←① 9 0×5 0＝4 5 00
②		3	6	0	←② 9 0×4＝3 6 0
③		1	0	0	←③ 2×5 0＝1 0 0
④				8	←④ 2×4＝8
	4	9	6	8	

※この九九るマス計算は、くり上がりがありません。

九《く》九《く》るマス計算法／第３章

・くり上がりがない「九《く》九《く》るマス計算法」
・くり上がりが「十の位《くらい》にある」
・くり上がりが「百の位《くらい》にある」
・くり上がりが「十と百の位《くらい》にある」

くり上がりがない

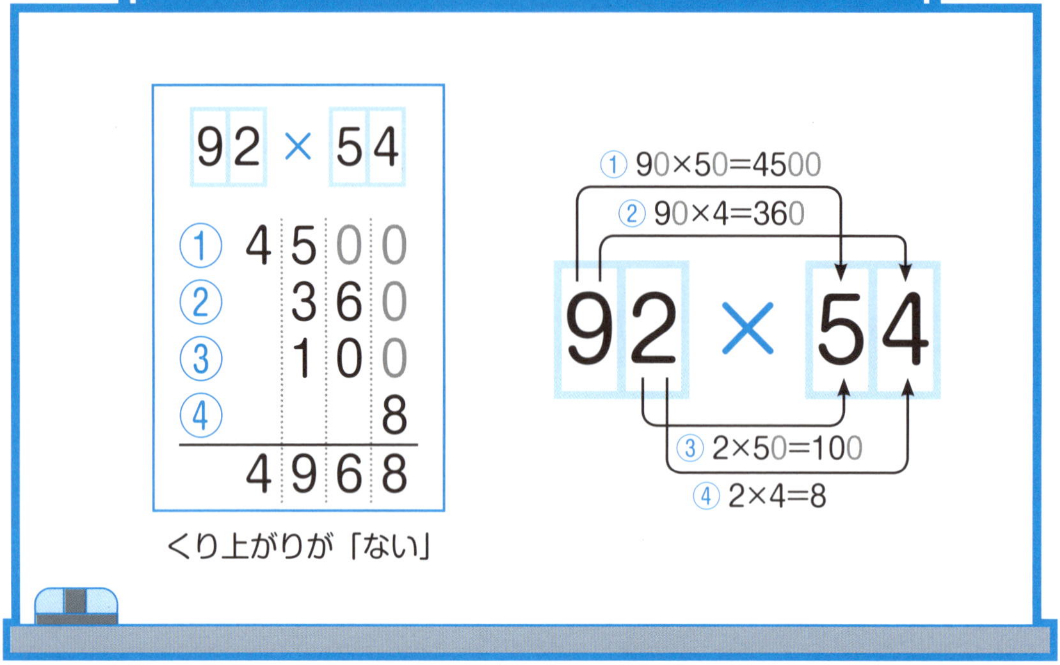

92 × 54
① 4500
② 360
③ 100
④ 8
4968
くり上がりが「ない」
① 90×50=4500
② 90×4=360
92 × 54
③ 2×50=100
④ 2×4=8

考え方のポイント

九九《くく》るマス計算法の２つのパターン

くり上がりが「ある」か「ない」か

□くり上がりが「ない」計算からスタート

ボードを見てください。この九九《くく》るマス計算には、くり上がりが「ない」ことがわかります。1～16ページでいくつかの九九《くく》るマス計算法のサンプルを紹介しましたが、九九《くく》るマス計算法では「くり上がり」が、以下のようになります。

・くり上がりが「ない」計算
・くり上がりが「ある」計算
　├ 十の位《くらい》に、くり上がりがある
　├ 百の位《くらい》に、くり上がりがある
　└ 十と百の位《くらい》の両方に、くり上がりがある

本書では、くり上がりが「ない」九九《くく》るマス計算問題からスタートし、十の位→百の位→十と百の位に、くり上がりが「ある」九九《くく》るマス計算問題へと、順を追って解説し【例題】を解いていきます。

したがって、くり上がりが「ない」九九《くく》るマス計算問題は、「第２章／九九《くく》るマス計算法をはじめよう」（13～16ページ）の手順とやり方にしたがって、解いていけばスムーズにできます。

また、九九《くく》るマス計算法の特徴として、タテのたし算は、最大で三つの数のたし算になります。よって、「9+9+9=27」より上の数はあり得ません。つまり、くり上がりの数が「1」か「2」以外はないことになります。

では、19ページの【例題】を九九《くく》るマス計算法で解いてみましょう。

【例題】69×42

□部分に数字を入れてください。

計算の手順は、
左ページの
ボードを
見てみよう。

69 × 42

①	□	□	0	0
②		□	□	0
③		□	□	0
④			□	□
	□	□	□	□

←① □0×□0＝□□00

←② □0×□＝□□0

←③ □×□0＝□□0

←④ □×□＝□□

【解答】

※保護者の方へ

お子さんが上の【例題】を計算するときは、【解答】部分を紙などでふせてください。

69 × 42

①	2	4	0	0
②		1	2	0
③		3	6	0
④			1	8
	2	8	9	8

←① 60×40＝2400

←② 60×2＝120

←③ 9×40＝360

←④ 9×2＝18

くり上がりが「十の位《くらい》にある」

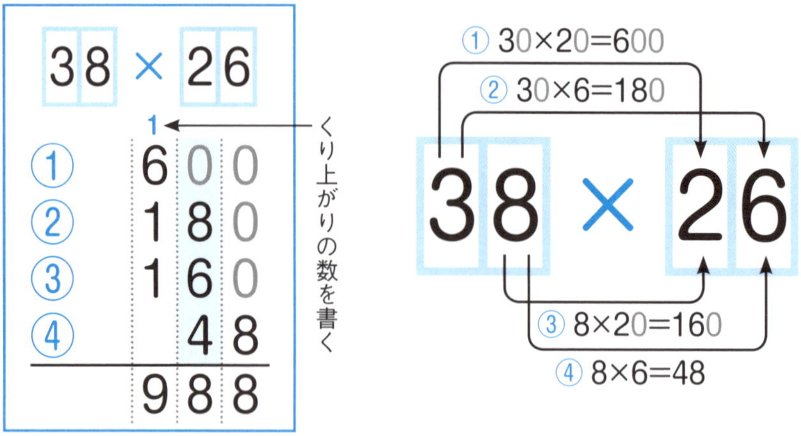

38 × 26
1
① 6 0 0
② 1 8 0
③ 1 6 0
④ 4 8
9 8 8
くり上がりの数を書く
① 30×20=600
② 30×6=180
38 × 26
③ 8×20=160
④ 8×6=48

・十の位（　部分）は 8+6+4=18 で「1」くり上がる。
・百の位は、1+6+1+1=9 で「9」が入る。

考え方のポイント

十の位《くらい》のうすいブルーラインに注意してみよう

百の位《くらい》の上に、くり上がりの数を書いてみよう

□くり上がりが「十の位《くらい》にある」

お子さんは、15 ページの【例題】と 19 ページの【例題】(九九《くく》るマス計算のくり上がりが「ない」問題) を、スムーズに解くことができましたか？ つまずく箇所があるようでしたら、「第２章／九九《くく》るマス計算法をはじめよう」(13 ～ 16 ページ) の手順とやり方に戻って復習をしてください。

では、十の位《くらい》に、くり上がりが「ある」九九《くく》るマス計算です。ボードを見てください。むずかしく考える必要はありません。十の位にうすいブルーライン（　）が引いてあります。これは、「くり上がりがありますよ」という意味になります。

本書の例題や練習問題では、九九《くく》るマス計算シートに　か　のラインを引いて「くり上がり」があることを、事前にわかるように示してあります。お子さんに、保護者の方が教える際に、これをしっかりと伝えてください。

ちなみに、98 ～ 121 ページの問題・解答と、巻末に用意した白紙の「九九《くく》るマス計算シート」には、「くり上がり」のラインは入っていません。九九《くく》るマス計算法になれてきたら必要ないでしょう。

そして、十の位の②③④の三つの数をたして、くり上がりの数（1 か 2）を百の位の上に小さく書きます。

では、21 ページの【例題】を九九《くく》るマス計算法で解いてみましょう。

【例題】43×89

□部分に数字を入れてください。

計算の手順は、
左ページの
ボードを
見てみよう。

43 × 89

くり上がりの数を忘れないように書く

①	□	□	0	0
②		□	□	0
③		□	□	0
④			□	□
	□	□	□	□

←① □0×□0＝□□00

←② □0×□＝□□0

←③ □×□0＝□□0

←④ □×□＝□□

【解答】

※保護者の方へ
お子さんが上の【例題】を計算するときは、【解答】部分を紙などでふせてください。

43 × 89

		①		
①	3	2	0	0
②		3	6	0
③		2	4	0
④			2	7
	3	8	2	7

←① 40×80＝3200

←② 40×9＝360

←③ 3×80＝240

←④ 3×9＝27

くり上がりが「十の位《くらい》にある」

くり上がりが「百の位《くらい》にある」

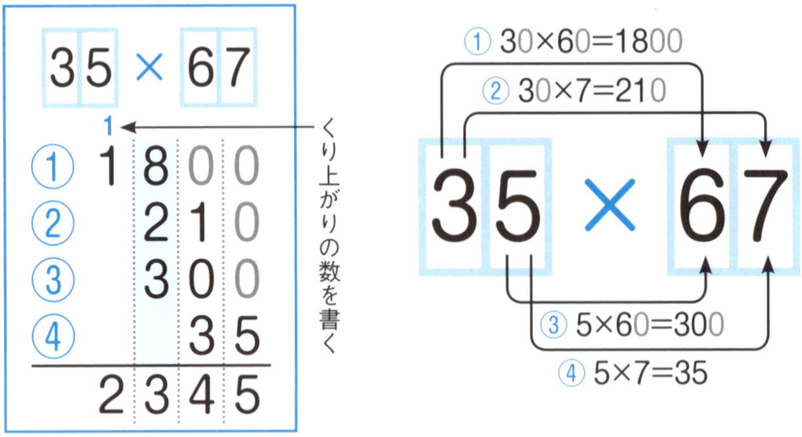
35 × 67
1
① 1800
② 210
③ 300
④ 35
2345
くり上がりの数を書く
① 30×60=1800
② 30×7=210
35 × 67
③ 5×60=300
④ 5×7=35

・百の位（　部分）は 8+2+3=13 で「1」くり上がる。
・千の位は、1+1=2 で「2」が入る。

考え方のポイント

やり方は十の位《くらい》にくり上がりがある場合と同じ
はじめはスピードより正確性を重視しよう

□くり上がりが「百の位《くらい》にある」

前述したように、98 ～ 121 ページの問題・解答と、巻末に用意した白紙の「九《く》九《く》るマス計算シート」には、「くり上がり」のラインは入っていません。

最終的には、それがなくても九《く》九《く》るマス計算ができるように練習しましょう。そのためにも、九《く》九《く》るマス計算法のくり上がりのルールをきちんとおぼえましょう。

百の位にくり上がりがある場合でも、基本的には、十の位の場合と同じやり方になります。くり返しになりますが、最初のうちは保護者の方が教える際に、十の位や百の位にくり上がりがあることを、知らせてください。

実際に、マップ教育センターの生徒も、九《く》九《く》るマス計算法のくり上がりのルールを知ってはいるのですが「書き忘れた。たし忘れた」という、うっかりミスをしてしまうケースがあります。

九《く》九《く》るマス計算法の、4 回の九《く》九《く》と三つの数のたし算は、はじめて挑戦する 3 年生程度のお子さんにとって、学校では教わらない未体験の学習になります。保護者の方のリードがとても大切になります。一方、基礎ができている 5・6 年生が九《く》九《く》るマス計算法をやる場合は、はじめのうちはスピードよりも正確性を重視してください。

では、23 ページの【例題】を九《く》九《く》るマス計算法で解いてみましょう。

【例題】56×74
□部分に数字を入れてください。

計算の手順は、
左ページの
ボードを
見てみよう。

56 × 74

くり上がりの数を忘れないように書く

①	□	□	0	0
②		□	□	0
③		□	□	0
④			□	□
	□	□	□	□

←① □0×□0＝□□00
←② □0×□＝□□0
←③ □×□0＝□□0
←④ □×□＝□□

【解答】

※保護者の方へ
お子さんが上の【例題】を計算するときは、
【解答】部分を紙などでふせてください。

56 × 74

	(1)			
①	3	5	0	0
②		2	0	0
③		4	2	0
④			2	4
	4	1	4	4

←① 50×70＝3500
←② 50×4＝200
←③ 6×70＝420
←④ 6×4＝24

くり上がりが「百の位《くらい》にある」

くり上がりが「十と百の位《くらい》にある」

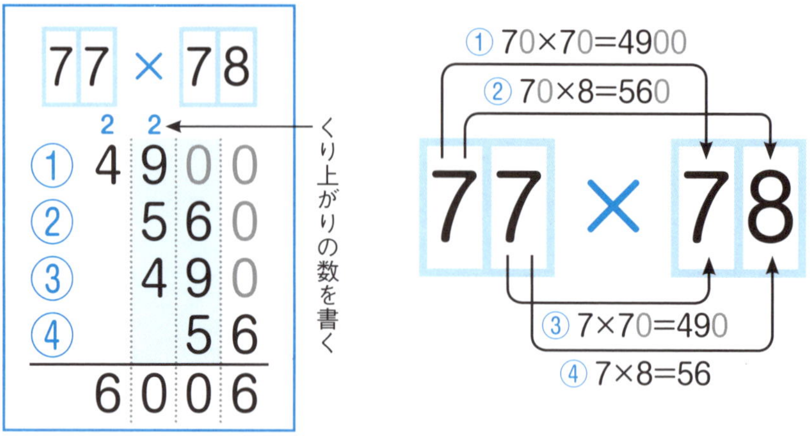

77 × 78
2 2
① 4900
② 560
③ 490
④ 56
6006
くり上がりの数を書く
① 70×70=4900
② 70×8=560
77 × 78
③ 7×70=490
④ 7×8=56

・十の位（　部分）は、6+9+5=20で「2」くり上がる。
・百の位（　部分）は、2+9+5+4=20で「2」くり上がる。
・千の位は、2+4=6で「6」が入る。

考え方のポイント

くり上がりが「十と百の位《くらい》」にあっても
基本的なルールはすべて同じ

□くり上がりが「十と百の位《くらい》にある」

前述のとおり九九《くく》るマス計算法には、

・くり上がりが「ない」計算
・くり上がりが「ある」計算

があります。でも、基本的なルールはすべて同じになります。十の位と百の位にくり上がりがあってもやり方は同じです。

お気づきの方もいると思いますが、くり上がりがある場合は「くり上がりの数＋同じ位の数」の和になります。ボード下部の解説文を確認してください。

・十の位（　部分）は、6+9+5=20で「2」くり上がる。
・百の位（　部分）は、2+9+5+4=20で「2」くり上がる。
・千の位は、2+4=6で「6」が入る。

以上が、注意すべき点になります。その他は、くり上がりが「ない」「ある」にかかわらず、九九《くく》るマス計算法のルールをおぼえてしまえば、二桁×二桁の計算を簡単に解くことができます。

さて、ここまで九九《くく》るマス計算法とはなにか、手順とやり方、基本的な計算ルールなどを解説してきましたが、読者の皆様（保護者の皆様）いかがでしたか。この後は、実際に九九《くく》るマス計算シートを使ったトレーニングページになります。

その前に、お子さんといっしょに、25ページの【例題】を九九《くく》るマス計算法で解いてみましょう。

【例題】98×37

□部分に数字を入れてください。

計算の手順は、
左ページの
ボードを
見てみよう。

	9	8	×	3	7

くり上がりの数を忘れないように書く

①	□	□	0	0	←① □0×□0＝□□00
②		□	□	0	←② □0×□＝□□0
③		□	□	0	←③ □×□0＝□□0
④			□	□	←④ □×□＝□□
	□	□	□	□	

【解答】

※保護者の方へ
お子さんが上の【例題】を計算するときは、
【解答】部分を紙などでふせてください。

	9	8	×	3	7

	(1)	(1)			
①	2	7	0	0	←① 9 0×3 0＝2 7 00
②		6	3	0	←② 9 0×7＝6 3 0
③		2	4	0	←③ 8×3 0＝2 4 0
④			5	6	←④ 8×7＝5 6
	3	6	2	6	

【問題】ページ

□部分に数字を入れてください。

14 × 21

①	□	0	0	←①	□0×□0＝□00
②		□	0	←②	□0×□＝□0
③		□	0	←③	□×□0＝□0
④			□	←④	□×□＝□
	□	□	□		

【問題1】14×21
【問題2】36×72

36 × 72

①	□	□	0	0	←①	□0×□0＝□□00
②			□	0	←②	□0×□＝□0
③		□	□	0	←③	□×□0＝□□0
④			□	□	←④	□×□＝□□
	□	□	□	□		

九九《くく》るマス計算法の手順

98 × 76

① 90×70=6300
② 90×6=540
③ 8×70=560
④ 8×6=48

【解答】は29ページを参照してください。

九《く》九《く》るマス 計算法／第４章

計算トレーニングと九《く》九《く》るマス計算シート

では、本格的に九《く》九《く》るマス計算法をトレーニングしてみましょう。ここまでの学習と同じように九《く》九《く》るマス計算法で解いて、九《く》九《く》るマス計算シートに書き込んでください。シートは２問・４問・９問の順で進んでいきます。保護者の方は下の【問題】と【解答】ページの見方を、必ずお読みください。

【問題】と【解答】ページの見方

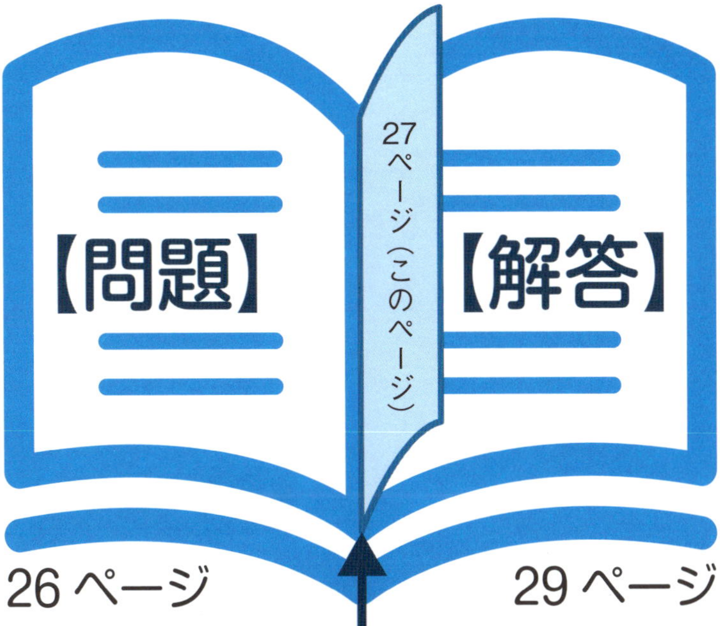
27ページ（このページ）
【問題】
【解答】
26ページ
29ページ

このページをのぞいて、必ず「表に前の問題の解答、裏に次の問題」が掲載された、２ページがはさまれています。

26～99ページまで、九《く》九《く》るマス計算シートを使った「第４章／計算トレーニング」のページが続きます。保護者の方が、わかりやすく、見やすく、教えやすくするために、上記イラスト図例のように、基本となるページデザインを変則の見開き展開にして【問題】と【解答】を対応させています。

【問題】ページ

□部分に数字を入れてください。

83×24

①	□	□	0	0
②		□	□	0
③			□	0
④			□	□
	□	□	□	□

←① □0×□0＝□□00

←② □0×□＝□□0

←③ □×□0＝□0

←④ □×□＝□□

九九《くく》るマス計算法の手順

98×76

① 90×70=6300

② 90×6=540

③ 8×70=560

④ 8×6=48

【問題3】83×24

【問題4】65×61

65×61

①	□	□	0	0
②			□	0
③		□	□	0
④				□
	□	□	□	□

←① □0×□0＝□□00

←② □0×□＝□0

←③ □×□0＝□□0

←④ □×□＝□

【解答】は31ページを参照してください。

【解答】ページ

26 ページの解答です。

九九《くく》るマス計算シート「2問／くり上がりなし」

14 × 21

①		2	0	0
②			1	0
③			8	0
④				4
		2	9	4

←① 10×20＝200

←② 10×1＝10

←③ 4×20＝80

←④ 4×1＝4

【解答 1】14×21=294

【解答 2】36×72=2592

36 × 72

①	2	1	0	0
②			6	0
③		4	2	0
④			1	2
	2	5	9	2

←① 30×70＝2100

←② 30×2＝60

←③ 6×70＝420

←④ 6×2＝12

【問題】ページ

□部分に数字を入れてください。

52 × 24

① □□00 ←① □0×□0＝□□00

② □□0 ←② □0×□＝□□0

③ □0 ←③ □×□0＝□0

④ □ ←④ □×□＝□

□□□□

【問題5】52×24
【問題6】47×36

① 90×70=6300
② 90×6=540

98 × 76

③ 8×70=560
④ 8×6=48

九九《くく》るマス計算法の手順

47 × 36

① □□00 ←① □0×□0＝□□00

② □□0 ←② □0×□＝□□0

③ □□0 ←③ □×□0＝□□0

④ □□ ←④ □×□＝□□

□□□□

【解答】は33ページを参照してください。

【解答】ページ

28 ページの解答です。

83 × 24

①	1	6	0	0
②		3	2	0
③			6	0
④			1	2
	1	9	9	2

←① 80×20＝1600
←② 80×4＝320
←③ 3×20＝60
←④ 3×4＝12

【解答 3】83×24=1992
【解答 4】65×61=3965

65 × 61

①	3	6	0	0
②			6	0
③		3	0	0
④				5
	3	9	6	5

←① 60×60＝3600
←② 60×1＝60
←③ 5×60＝300
←④ 5×1＝5

上記は 28 ページの【解答】です。

【問題】ページ

□部分に数字を入れてください。

92×32

① □□00 ←① □0×□0＝□□00
② □□0 ←② □0×□＝□□0
③ □0 ←③ □×□0＝□0
④ □ ←④ □×□＝□

□□□□

【問題7】92×32
【問題8】54×73

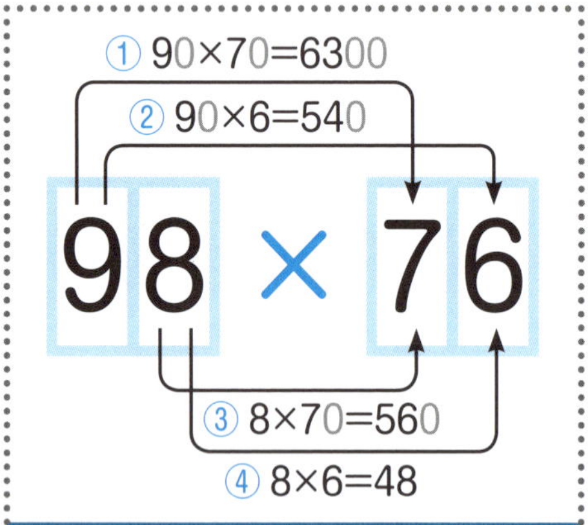

九九《くく》るマス計算法の手順

54×73

① □□00 ←① □0×□0＝□□00
② □□0 ←② □0×□＝□□0
③ □□0 ←③ □×□0＝□□0
④ □□ ←④ □×□＝□□

□□□□

【解答】は35ページを参照してください。

【解答】ページ

30 ページの解答です。

52 × 24

①	1	0	0	0	←① 50×20＝1000
②		2	0	0	←② 50×4＝200
③			4	0	←③ 2×20＝40
④				8	←④ 2×4＝8
	1	2	4	8	

【解答 5】 52×24=1248
【解答 6】 47×36=1692

47 × 36

①	1	2	0	0	←① 40×30＝1200
②		2	4	0	←② 40×6＝240
③		2	1	0	←③ 7×30＝210
④			4	2	←④ 7×6＝42
	1	6	9	2	

上記は 30 ページの【解答】です。

【問題】ページ

□部分に数字を入れてください。

27 × 63

① □	□	0	0
②		□	0
③	□	□	0
④		□	□
□	□	□	□

←① □0×□0＝□□00

←② □0×□＝□0

←③ □×□0＝□□0

←④ □×□＝□□

【問題　9】27×63
【問題 10】86×46

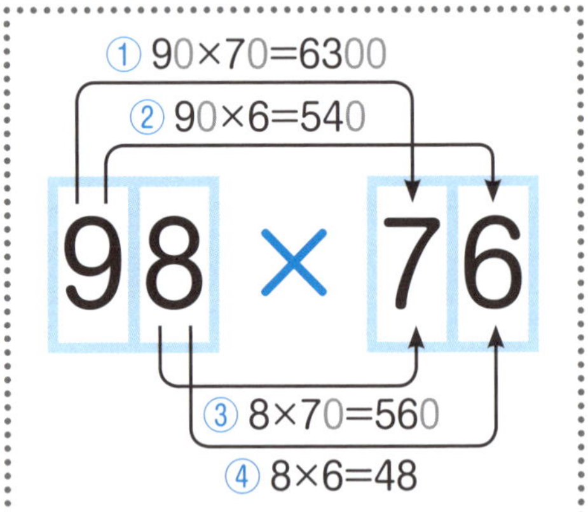

九九《くく》るマス計算法の手順

86 × 46

① □	□	0	0
②	□	□	0
③	□	□	0
④		□	□
□	□	□	□

←① □0×□0＝□□00

←② □0×□＝□□0

←③ □×□0＝□□0

←④ □×□＝□□

【解答】は 37 ページを参照してください。

【解答】ページ

32 ページの解答です。

92 × 32

(1)
① 2700
② 180
③ 60
④ 4

2944

←① 90×30＝2700
←② 90×2＝180
←③ 2×30＝60
←④ 2×2＝4

【解答 7】 92×32=2944
【解答 8】 54×73=3942

54 × 73

(1)
① 3500
② 150
③ 280
④ 12

3942

←① 50×70＝3500
←② 50×3＝150
←③ 4×70＝280
←④ 4×3＝12

【問題】ページ

□部分に数字を入れてください。

73 × 37

①　□□00　　←① □0×□0＝□□00
②　　□□0　　←② □0×□＝□□0
③　　　□0　　←③ □×□0＝□0
④　　　□□　　←④ □×□＝□□

□□□□

【問題 11】73×37
【問題 12】69×28

九九《くく》るマス計算法の手順

98 × 76

① 90×70=6300
② 90×6=540
③ 8×70=560
④ 8×6=48

69 × 28

①　□□00　　←① □0×□0＝□□00
②　　□□0　　←② □0×□＝□□0
③　　□□0　　←③ □×□0＝□□0
④　　　□□　　←④ □×□＝□□

□□□□

【解答】は39ページを参照してください。

【解答】ページ

34 ページの解答です。

	2	7	×	6 3
		1		
①	1	2	0	0
②			6	0
③		4	2	0
④			2	1
	1	7	0	1

←① 20×60＝1200

←② 20×3＝60

←③ 7×60＝420

←④ 7×3＝21

【解答　9】27×63=1701
【解答 10】86×46=3956

	8	6	×	4 6
		1		
①	3	2	0	0
②		4	8	0
③		2	4	0
④			3	6
	3	9	5	6

←① 80×40＝3200

←② 80×6＝480

←③ 6×40＝240

←④ 6×6＝36

【問題】ページ

□部分に数字を入れてください。

24 × 86

①	□	□	0	0
②		□	□	0
③		□	□	0
④			□	□
	□	□	□	□

←① □0×□0＝□□00

←② □0×□＝□□0

←③ □×□0＝□□0

←④ □×□＝□□

【問題 13】24×86
【問題 14】37×61

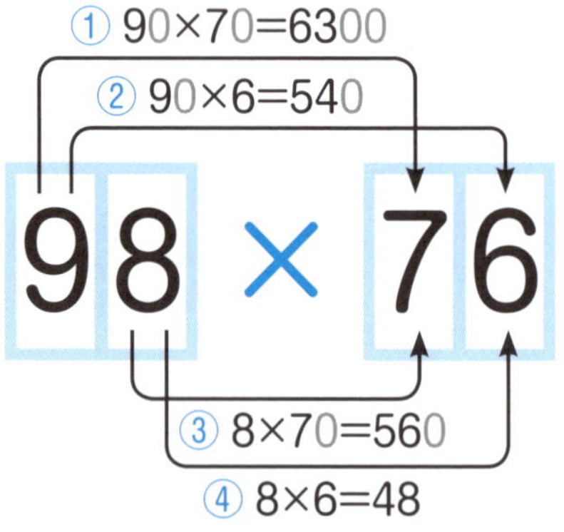

九九《くく》るマス計算法の手順

37 × 61

①	□	□	0	0
②			□	0
③		□	□	0
④				□
	□	□	□	□

←① □0×□0＝□□00

←② □0×□＝□0

←③ □×□0＝□□0

←④ □×□＝□

【解答】は 41 ページを参照してください。

【解答】ページ

36 ページの解答です。

73 × 37

			(2)		
①	2	1	0	0	←① 7 0 × 3 0 ＝ 2 1 00
②		4	9	0	←② 7 0 × 7 ＝ 4 9 0
③			9	0	←③ 3 × 3 0 ＝ 9 0
④			2	1	←④ 3 × 7 ＝ 2 1
	2	7	0	1	

【解答 11】73×37=2701
【解答 12】69×28=1932

69 × 28

		(2)			
①	1	2	0	0	←① 6 0 × 2 0 ＝ 1 2 00
②		4	8	0	←② 6 0 × 8 ＝ 4 8 0
③		1	8	0	←③ 9 × 2 0 ＝ 1 8 0
④			7	2	←④ 9 × 8 ＝ 7 2
	1	9	3	2	

【問題】ページ

□部分に数字を入れてください。

58 × 74

①	□	□	0	0
②		□	□	0
③		□	□	0
④			□	□
	□	□	□	□

←① □0×□0＝□□00

←② □0×□＝□□0

←③ □×□0＝□□0

←④ □×□＝□□

【問題15】58×74
【問題16】93×47

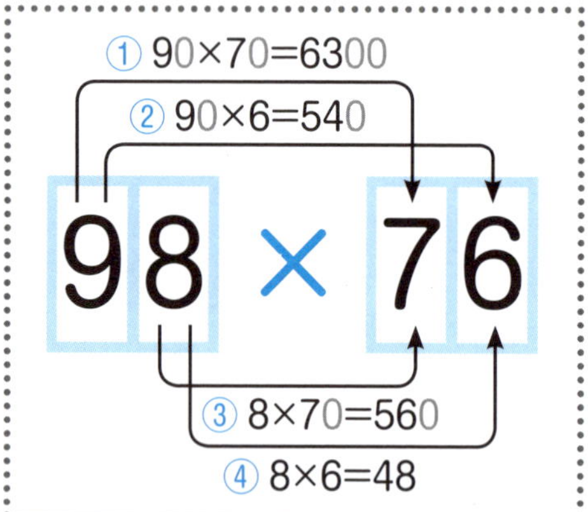

九《く》九《く》るマス計算法の手順

93 × 47

①	□	□	0	0
②		□	□	0
③		□	□	0
④			□	□
	□	□	□	□

←① □0×□0＝□□00

←② □0×□＝□□0

←③ □×□0＝□□0

←④ □×□＝□□

【解答】は43ページを参照してください。

【解答】ページ

38 ページの解答です。

24 × 86

①	1	6	0	0	←① 20×80＝1600
②		1	2	0	←② 20×6＝120
③		3	2	0	←③ 4×80＝320
④			2	4	←④ 4×6＝24
	2	0	6	4	

【解答 13】24×86=2064
【解答 14】37×61=2257

37 × 61

①	1	8	0	0	←① 30×60＝1800
②			3	0	←② 30×1＝30
③		4	2	0	←③ 7×60＝420
④				7	←④ 7×1＝7
	2	2	5	7	

【問題】ページ

□部分に数字を入れてください。

【問題 17】19×62
【問題 18】46×78

19 × 62

① □00　←① □0×□0＝□00
② □0　←② □0×□＝□0
③ □□0　←③ □×□0＝□□0
④ □□　←④ □×□＝□□

□□□□

九九《くく》るマス計算法の手順

98 × 76

① 90×70=6300
② 90×6=540
③ 8×70=560
④ 8×6=48

46 × 78

① □□00　←① □0×□0＝□□00
② □□0　←② □0×□＝□□0
③ □□0　←③ □×□0＝□□0
④ □□　←④ □×□＝□□

□□□□

【解答】は 45 ページを参照してください。

【解答】ページ

40ページの解答です。

58 × 74

①	3	5	0	0
②		2	0	0
③		5	6	0
④			3	2
	4	2	9	2

←① 50×70＝3500

←② 50×4＝200

←③ 8×70＝560

←④ 8×4＝32

【解答15】58×74=4292
【解答16】93×47=4371

93 × 47

①	3	6	0	0
②		6	3	0
③		1	2	0
④			2	1
	4	3	7	1

←① 90×40＝3600

←② 90×7＝630

←③ 3×40＝120

←④ 3×7＝21

九《く》九《く》るマス計算シート「2問／くり上がりが十と百の位にある」

【問題】ページ

□部分に数字を入れてください。

94 × 24

① □□00 ← ① □0×□0＝□□00

② □□0 ← ② □0×□＝□□0

③ □0 ← ③ □×□0＝□0

④ □□ ← ④ □×□＝□□

□□□□

【問題 19】 94×24

【問題 20】 69×68

① 90×70=6300

② 90×6=540

98 × 76

③ 8×70=560

④ 8×6=48

九《く》九《く》るマス計算法の手順

69 × 68

① □□00 ← ① □0×□0＝□□00

② □□0 ← ② □0×□＝□□0

③ □□0 ← ③ □×□0＝□□0

④ □□ ← ④ □×□＝□□

□□□□

【解答】は 47 ページを参照してください。

【解答】ページ

42 ページの解答です。

19 × 62

①		6	0	0
②			2	0
③		5	4	0
④			1	8
	1	1	7	8

←① 10×60＝600

←② 10×2＝20

←③ 9×60＝540

←④ 9×2＝18

【解答 17】 19×62=1178
【解答 18】 46×78=3588

46 × 78

①	2	8	0	0
②		3	2	0
③		4	2	0
④			4	8
	3	5	8	8

←① 40×70＝2800

←② 40×8＝320

←③ 6×70＝420

←④ 6×8＝48

九九《くく》るマス計算シート「2問／くり上がりが百の位にある」

上記は 42 ページの【解答】です。

【問題】ページ

□部分に数字を入れてください。

【問題21】83×37
【問題22】47×49

83×37

①	□	□	0	0
②		□	□	0
③			□	0
④			□	□
	□	□	□	□

←① □0×□0＝□□00

←② □0×□＝□□0

←③ □×□0＝□0

←④ □×□＝□□

九九《くく》るマス計算法の手順

98×76

① 90×70=6300

② 90×6=540

③ 8×70=560

④ 8×6=48

47×49

①	□	□	0	0
②		□	□	0
③		□	□	0
④			□	□
	□	□	□	□

←① □0×□0＝□□00

←② □0×□＝□□0

←③ □×□0＝□□0

←④ □×□＝□□

【解答】は49ページを参照してください。

【解答】ページ

44 ページの解答です。

94 × 24

	千	百	十	一
(くり上がり)	1	1		
①	1	8	0	0
②		3	6	0
③			8	0
④			1	6
	2	2	5	6

←① 90×20＝1800

←② 90×4＝360

←③ 4×20＝80

←④ 4×4＝16

【解答 19】 94×24=2256
【解答 20】 69×68=4692

69 × 68

	千	百	十	一
(くり上がり)	1	1		
①	3	6	0	0
②		4	8	0
③		5	4	0
④			7	2
	4	6	9	2

←① 60×60＝3600

←② 60×8＝480

←③ 9×60＝540

←④ 9×8＝72

上記は 44 ページの【解答】です。

【問題】ページ

□部分に数字を入れてください。

79 × 14

① □00 ←① □0×□0＝□00

② □□0 ←② □0×□＝□□0

③ □0 ←③ □×□0＝□0

④ □□ ←④ □×□＝□□

□□□□

【問題 23】79×14
【問題 24】87×76

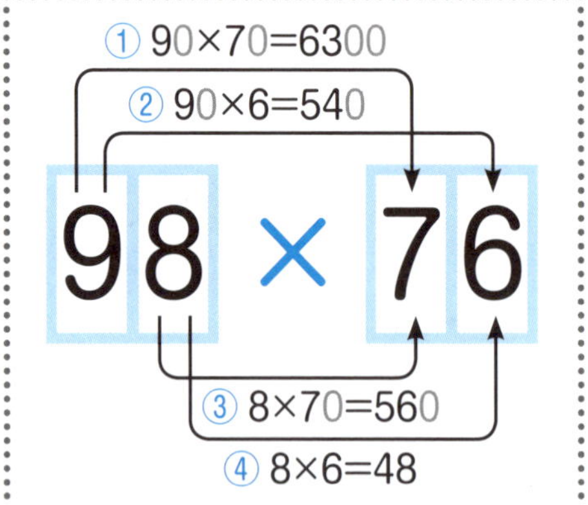

九九《くく》るマス計算法の手順

87 × 76

① □□00 ←① □0×□0＝□□00

② □□0 ←② □0×□＝□□0

③ □□0 ←③ □×□0＝□□0

④ □□ ←④ □×□＝□□

□□□□

【解答】は 51 ページを参照してください。

【解答】ページ

46ページの解答です。

83 × 37

		(1)	(1)		
①		2	4	0	0
②			5	6	0
③				9	0
④				2	1
		3	0	7	1

←① 80×30＝2400

←② 80×7＝560

←③ 3×30＝90

←④ 3×7＝21

【解答 21】83×37=3071

【解答 22】47×49=2303

47 × 49

		(1)	(2)		
①		1	6	0	0
②			3	6	0
③			2	8	0
④				6	3
		2	3	0	3

←① 40×40＝1600

←② 40×9＝360

←③ 7×40＝280

←④ 7×9＝63

上記は46ページの【解答】です。

【問題】ページ

□部分に数字を入れてください。

ここから、４問の九九《くく》るマス計算シートになります。２問のような①②③④の途中式を確認しながらのやり方ではなくなるので注意してください。かけ算（九九《くく》）をする順番を表記してありますが、最初は保護者の方が手順を教えてあげてください。お子さんが、途中式がなくても解けるようになったことを確認してから自己学習に移行するようにしましょう。２問と同じく「くり上がりなし」からスタートし、順に、十の位《くらい》、百の位、十と百の位にくり上がりがある問題へと進んでいきます。あわてず正確に問題を解いていきましょう。

【問題 25】32×17

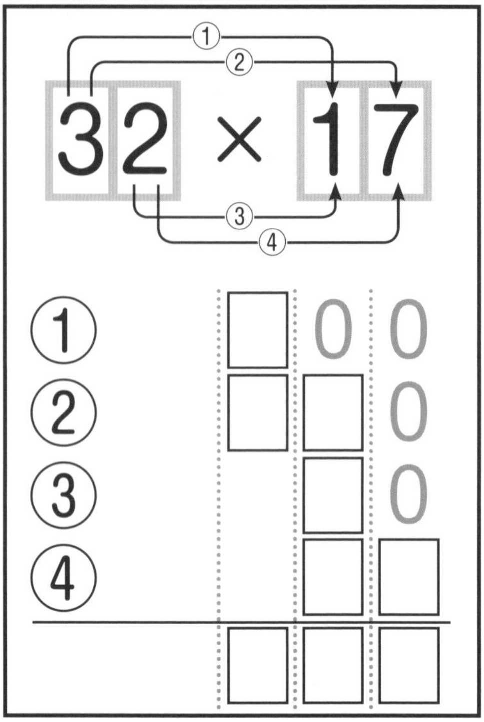

【問題 26】86×23

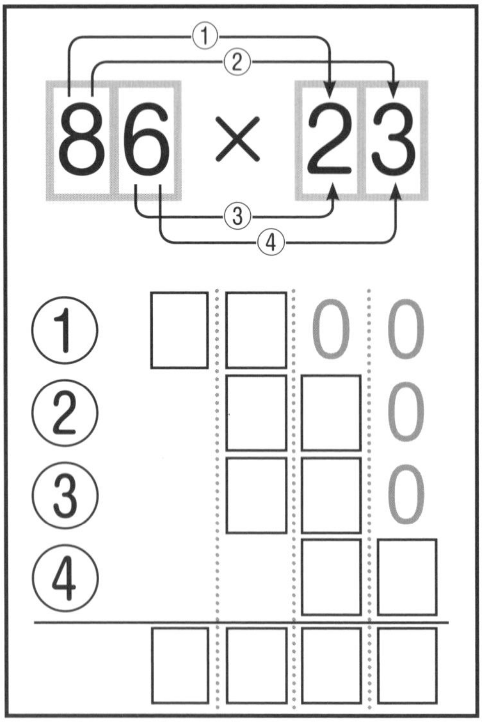

【問題 27】95×41

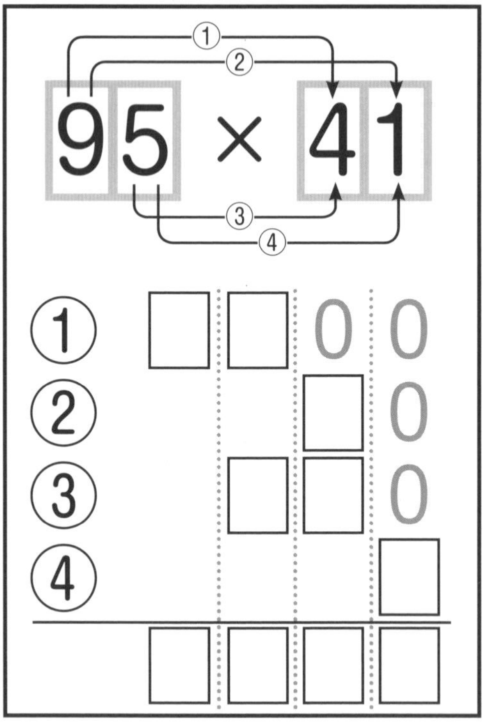

【解答】は 53 ページを参照してください。

【解答】ページ

48 ページの解答です。

79 × 14

①		7	0	0		←① 70×10＝700
②		2	8	0		←② 70×4＝280
③			9	0		←③ 9×10＝90
④			3	6		←④ 9×4＝36
	1	1	0	6		

【解答 23】 79×14=1106
【解答 24】 87×76=6612

87 × 76

①	5	6	0	0	←① 80×70＝5600
②		4	8	0	←② 80×6＝480
③		4	9	0	←③ 7×70＝490
④			4	2	←④ 7×6＝42
	6	6	1	2	

【問題 28】57×35

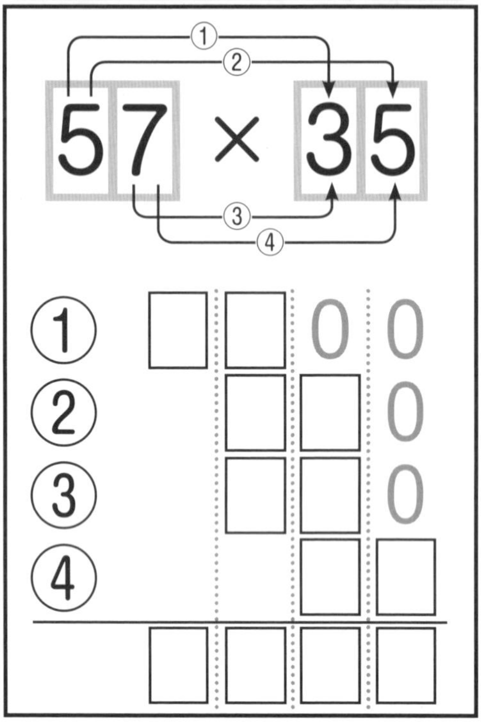
①
②
57 × 35
③
④
①　0 0
②　0
③　0
④

【問題 29】28×71

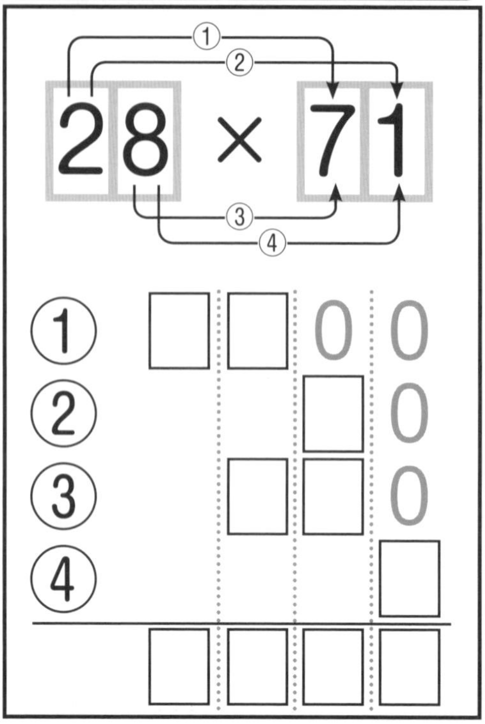
①
②
28 × 71
③
④
①　0 0
②　0
③　0
④

【問題 30】46×43

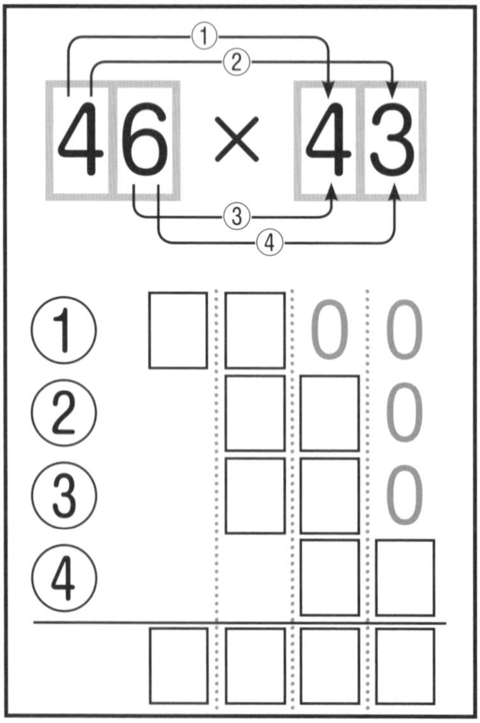
①
②
46 × 43
③
④
①　0 0
②　0
③　0
④

【問題 31】63×92

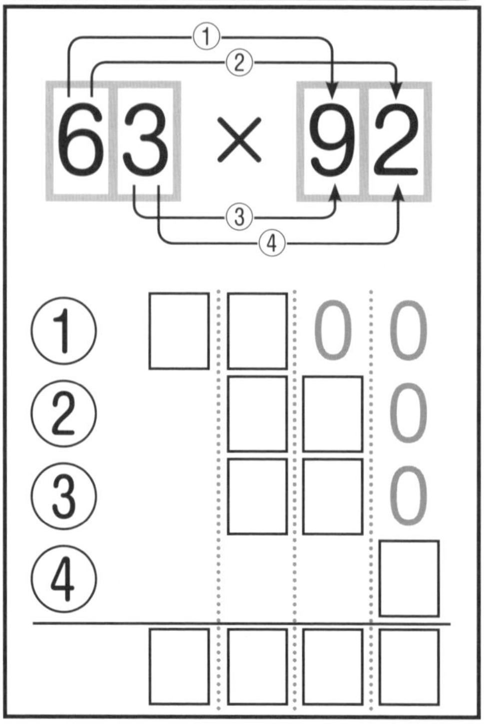
①
②
63 × 92
③
④
①　0 0
②　0
③　0
④

【解答】は 55 ページを参照してください。

【解答】ページ

保護者の皆様は、ここまでで、4回の九九《くく》と一桁のたし算の組み合わせで構成された九九《くく》るマス計算法を理解できましたか？

ほとんどの方が「なるほど！」と思われたことでしょう。

しかし、子どもたちは必ずと言っていいほどミスをしてしまいます。そのときに「簡単な九九《くく》と、たし算だけなのに、どうしてミスするの…」と思ったり、ましてや言葉に出してしまったりしないでください。大人の「なるほど！」も、子どもにとっては「なんで？」となることが、日常生活においても多々あるのです。

【解答 25】32×17=544

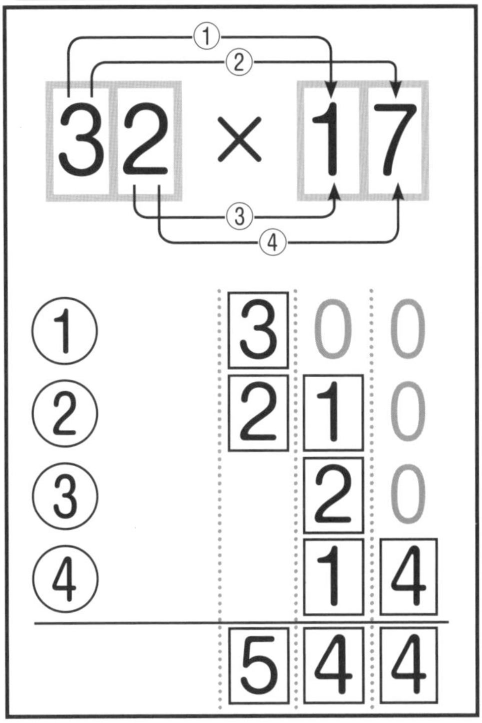
32 × 17
① 300
② 210
③ 20
④ 14
544

【解答 26】86×23=1978

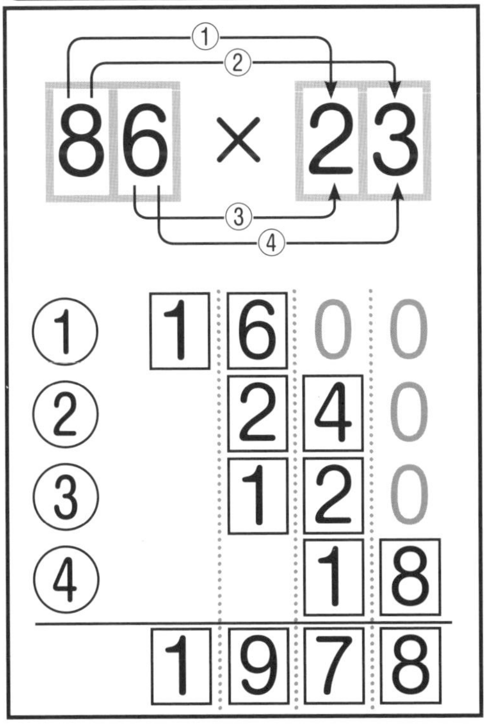
86 × 23
① 1600
② 240
③ 120
④ 18
1978

【解答 27】95×41=3895

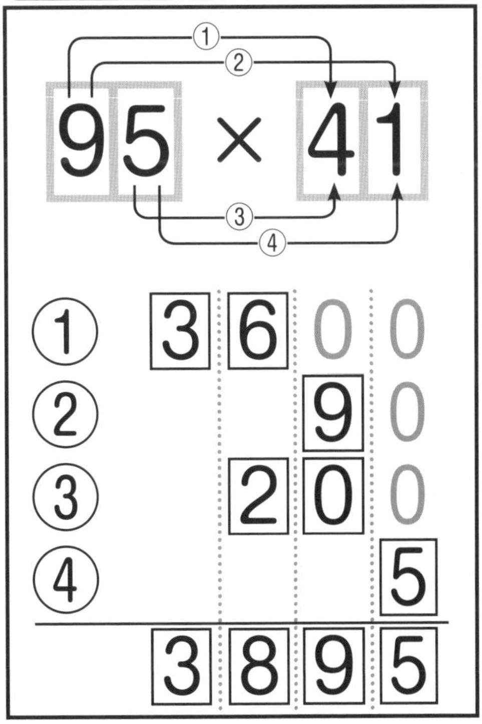
95 × 41
① 3600
② 90
③ 200
④ 5
3895

上記は50ページの【解答】です。

【問題 32】83×12

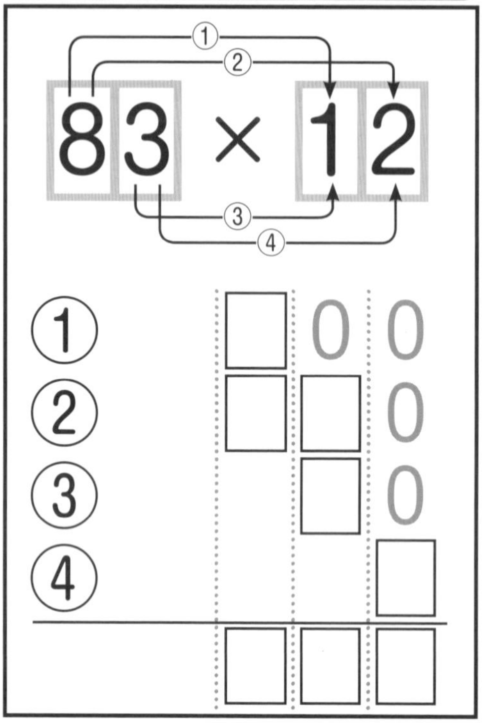

【問題 33】32×27

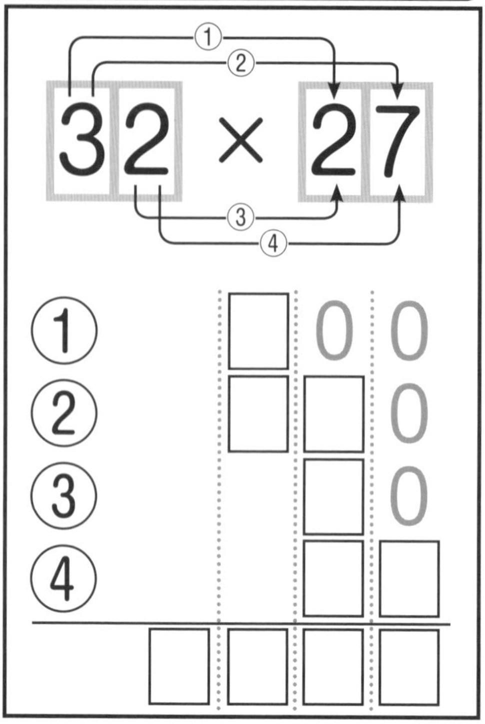

【問題 34】54×32

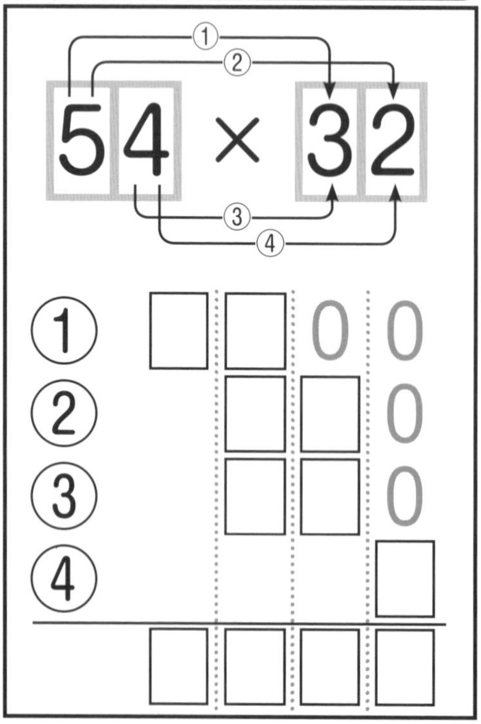

【問 35】74×39

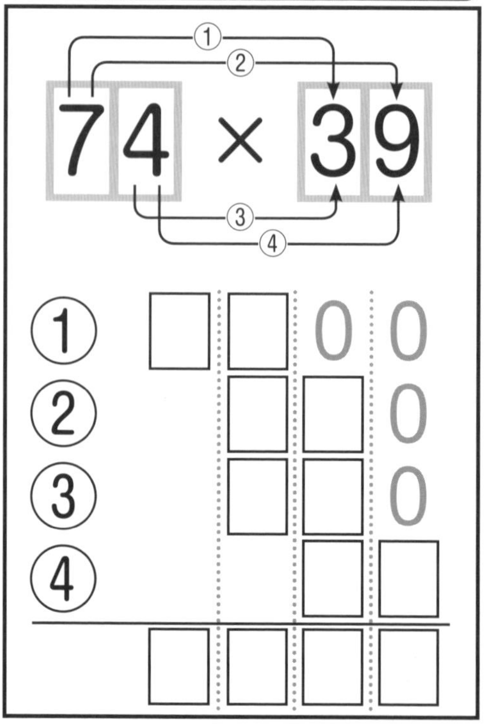

【解答】は 57 ページを参照してください。

【解答 28】57×35=1995

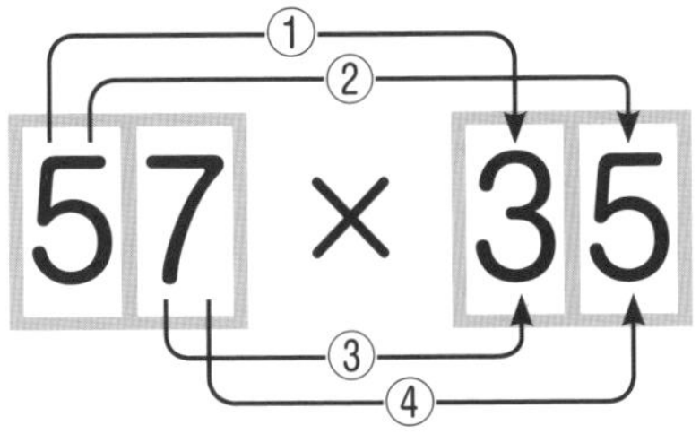

①	1	5	0	0
②		2	5	0
③		2	1	0
④			3	5
	1	9	9	5

【解答 29】28×71=1988

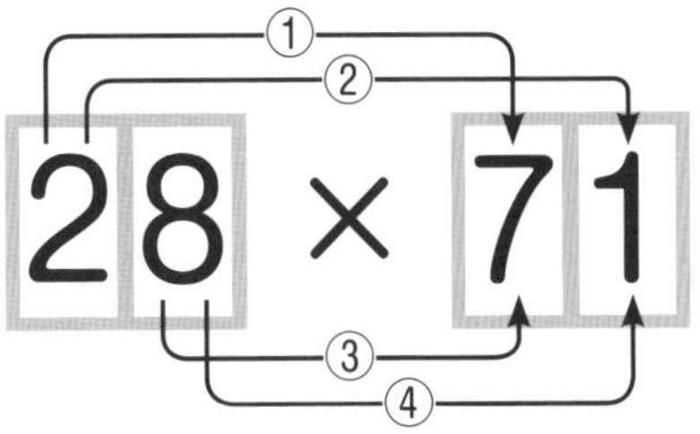

①	1	4	0	0
②			2	0
③		5	6	0
④				8
	1	9	8	8

【解答 30】46×43=1978

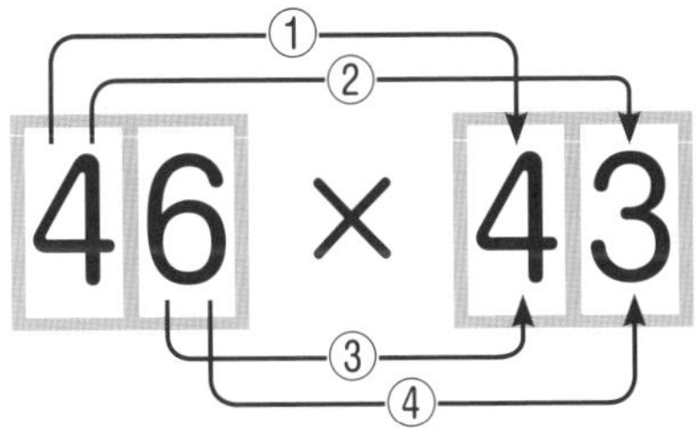

①	1	6	0	0
②		1	2	0
③		2	4	0
④			1	8
	1	9	7	8

【解答 31】63×92=5796

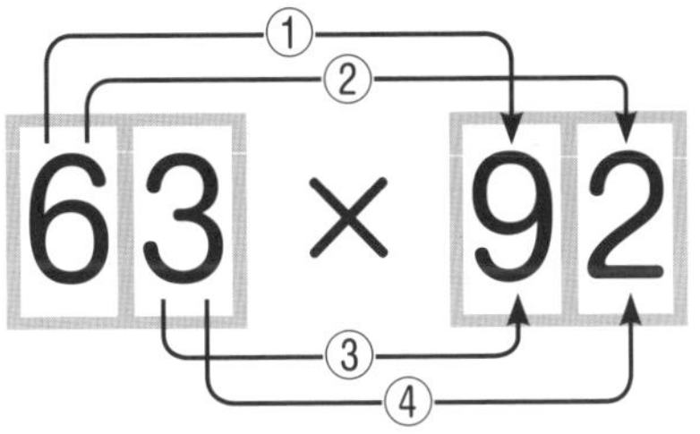

①	5	4	0	0
②		1	2	0
③		2	7	0
④				6
	5	7	9	6

上記は 52 ページの【解答】です。

【問題 36】97×51

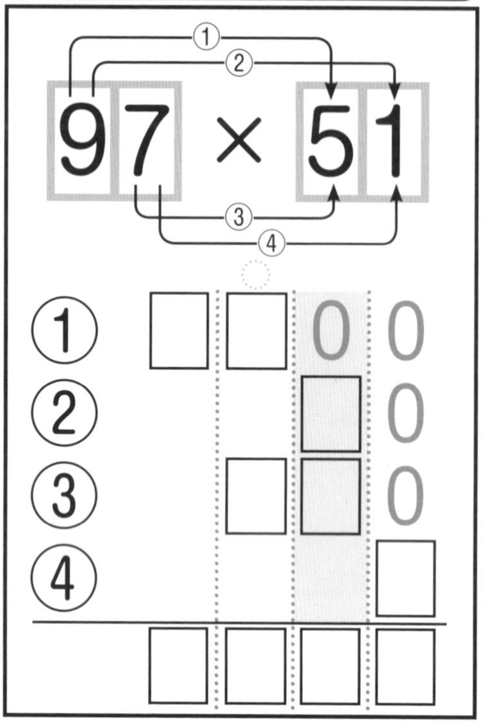

【問題 37】36×78

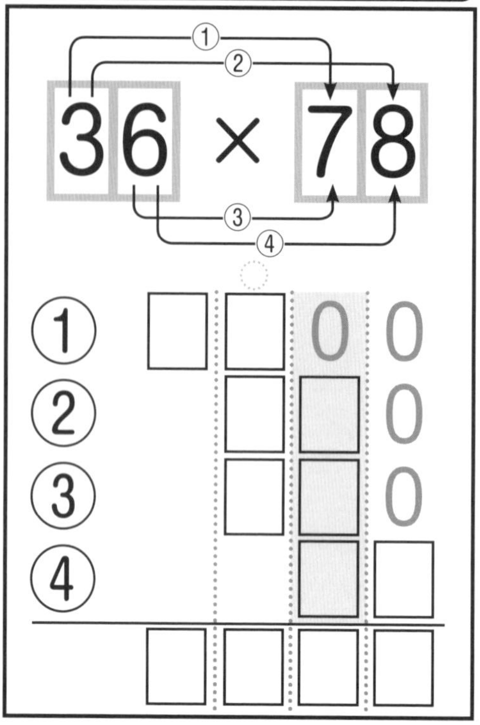

【問題 38】18×34

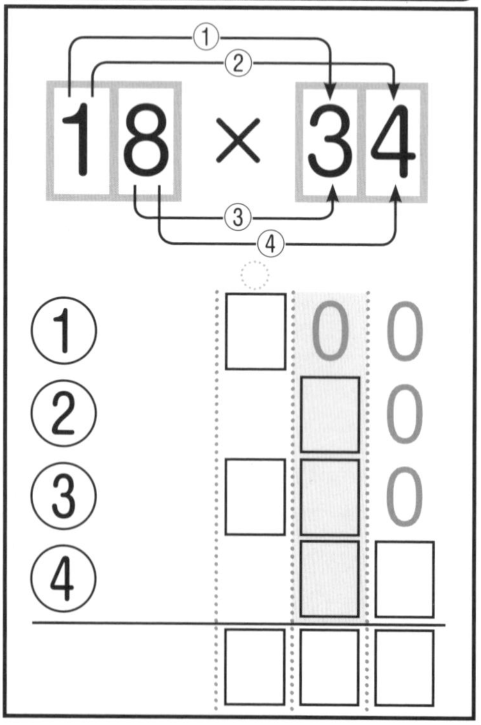

【問題 39】49×37

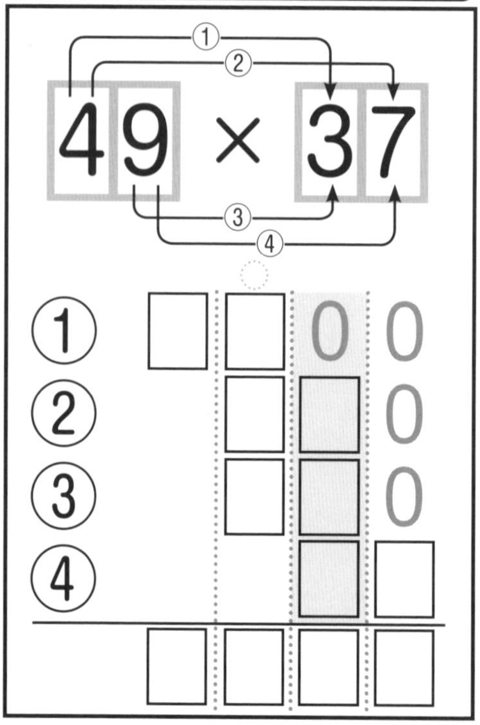

【解答】は 59 ページを参照してください。

【解答 32】83×12=996

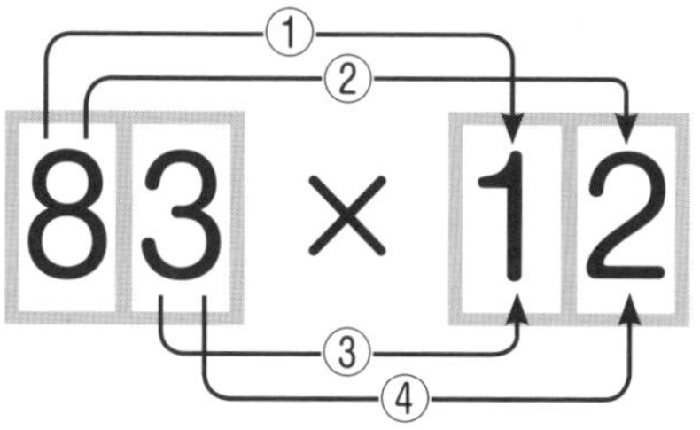

①	8	0	0
②	1	6	0
③		3	0
④			6
	9	9	6

【解答 33】32×27=864

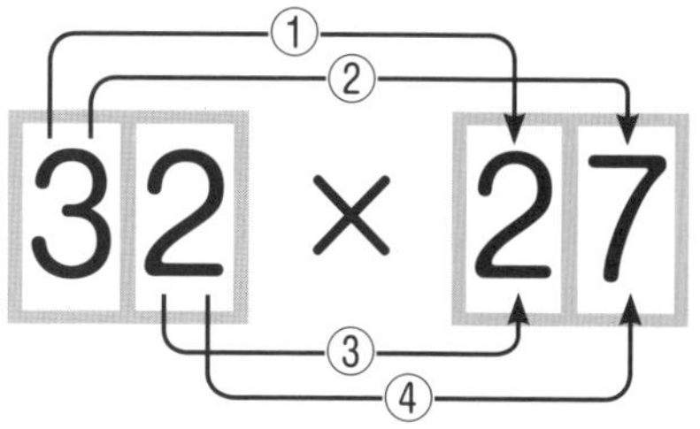

①	6	0	0
②	2	1	0
③		4	0
④		1	4
	8	6	4

【解答 34】54×32=1728

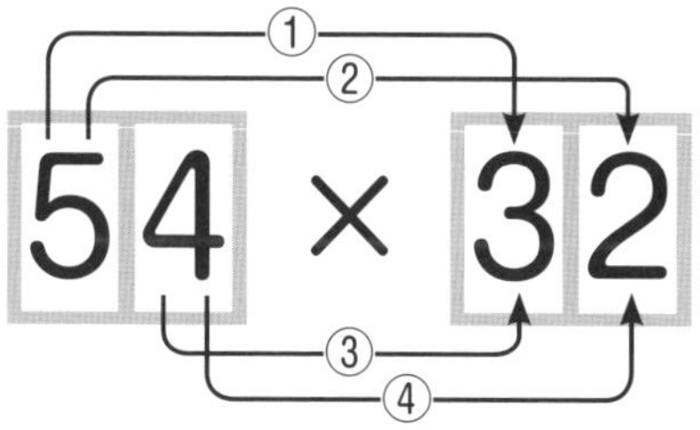

①	1	5	0	0
②		1	0	0
③		1	2	0
④				8
	1	7	2	8

【解答 35】74×39=2886

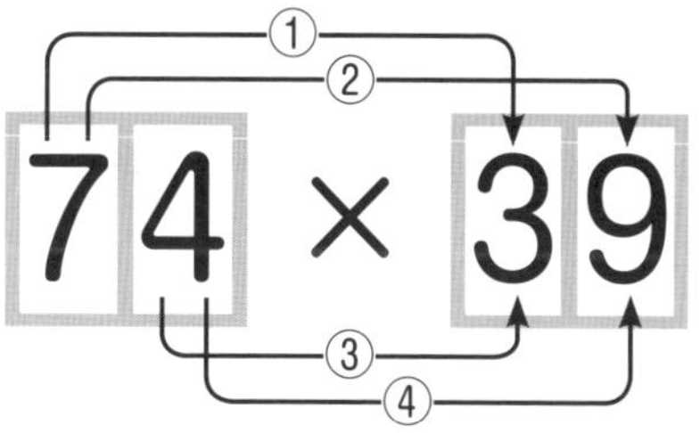

①	2	1	0	0
②		6	3	0
③		1	2	0
④			3	6
	2	8	8	6

上記は 54 ページの【解答】です。

【問題 40】23×34

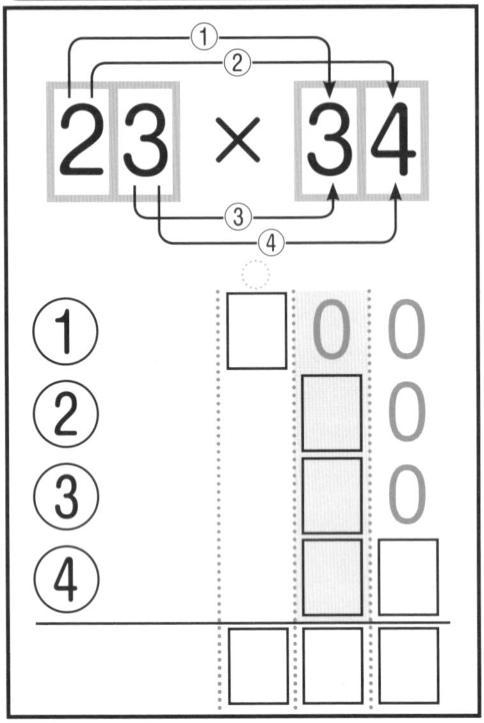

【問題 41】87×45

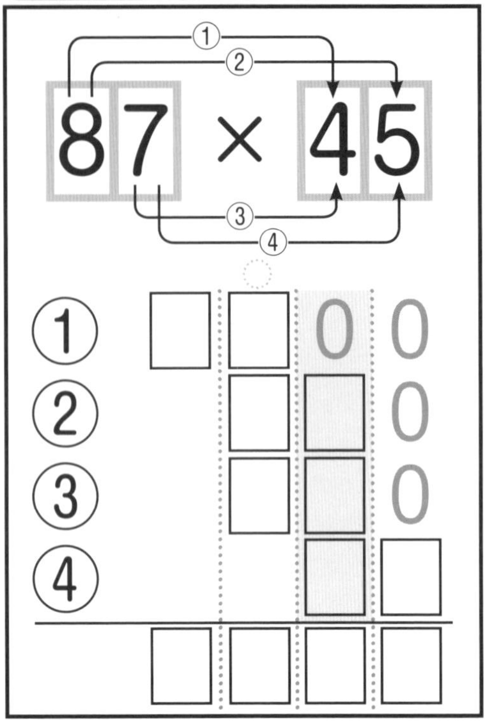

【問題 42】68×28

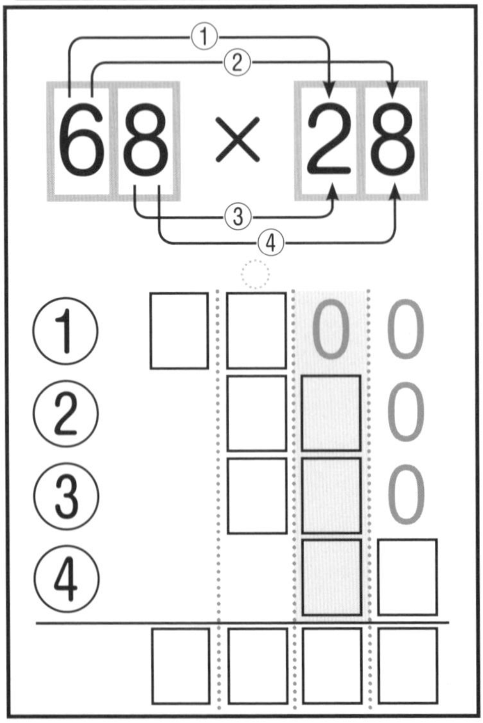

【問題 43】71×54

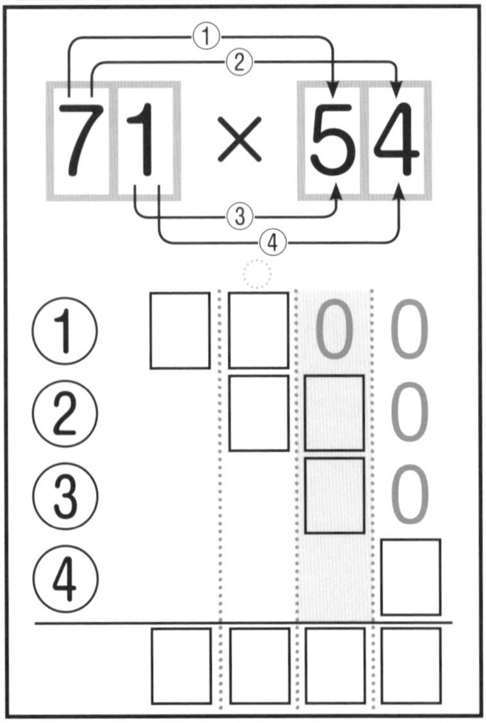

【解答】は 61 ページを参照してください。

【解答 36】97×51=4947

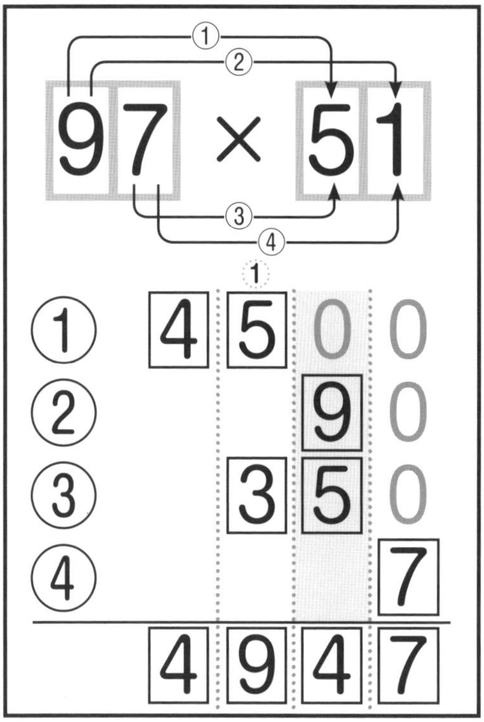
97 × 51
① ② ③ ④
1
① 4 5 0 0
② 9 0
③ 3 5 0
④ 7
4 9 4 7

【解答 37】36×78=2808

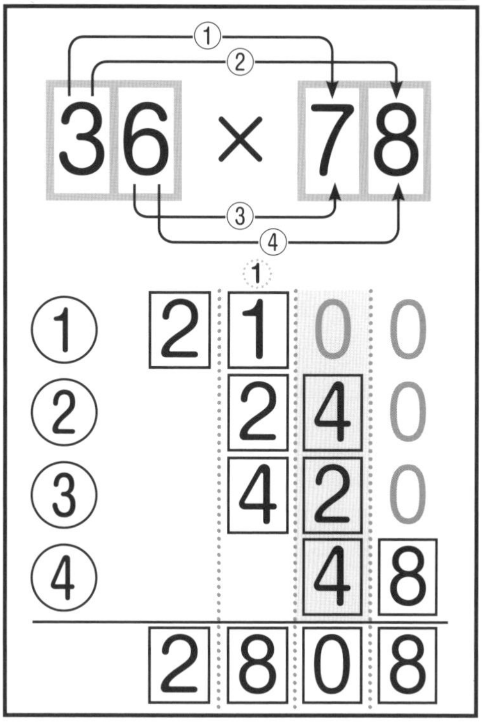
36 × 78
① ② ③ ④
1
① 2 1 0 0
② 2 4 0
③ 4 2 0
④ 4 8
2 8 0 8

【解答 38】18×34=612

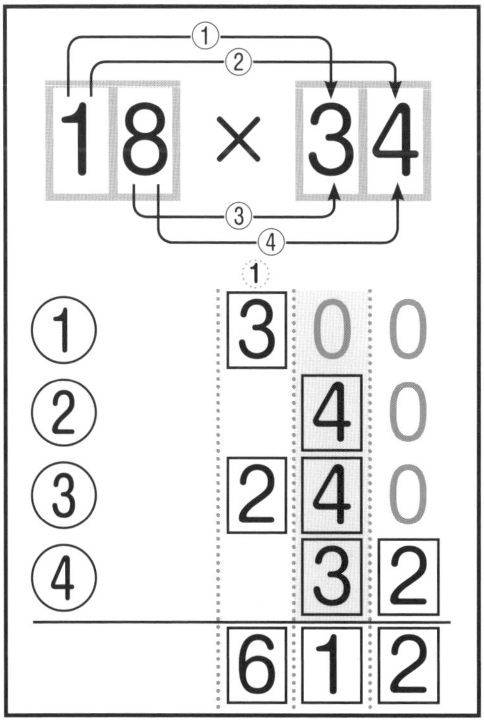
18 × 34
① ② ③ ④
1
① 3 0 0
② 4 0
③ 2 4 0
④ 3 2
6 1 2

【解答 39】49×37=1813

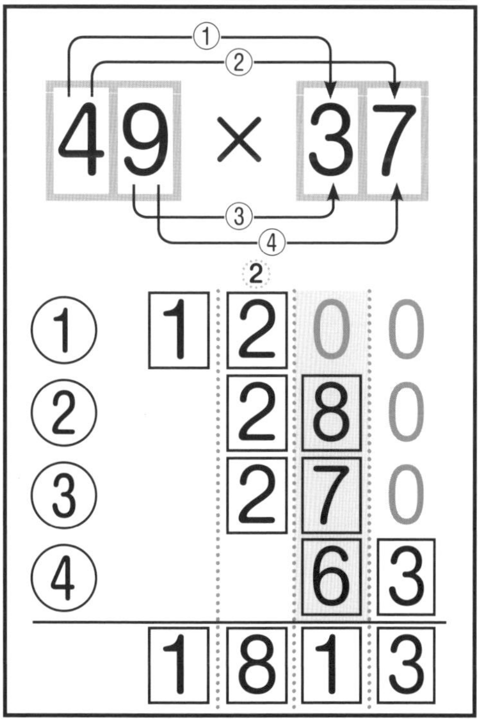
49 × 37
① ② ③ ④
2
① 1 2 0 0
② 2 8 0
③ 2 7 0
④ 6 3
1 8 1 3

上記は 56 ページの【解答】です。

【問題 44】52×75

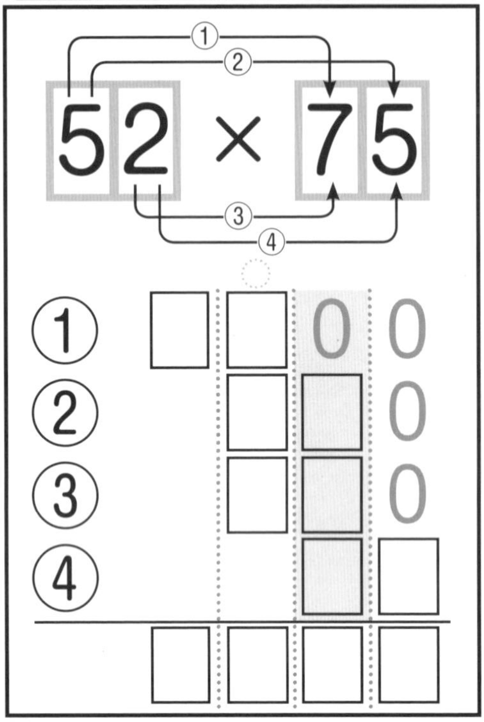

【問題 45】48×39

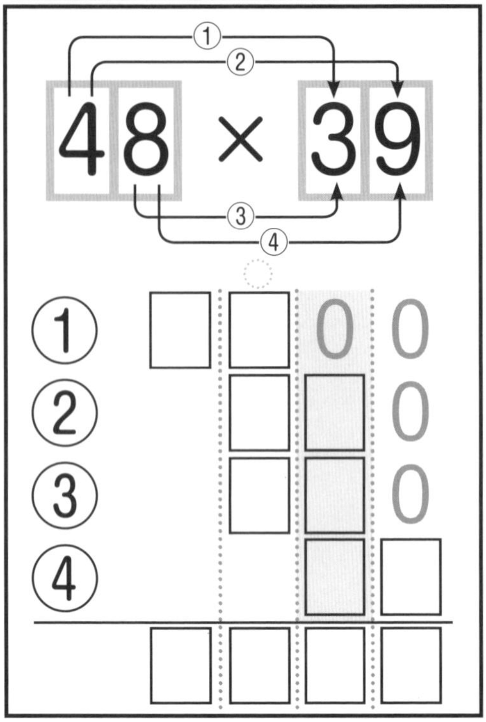

【問題 46】48×17

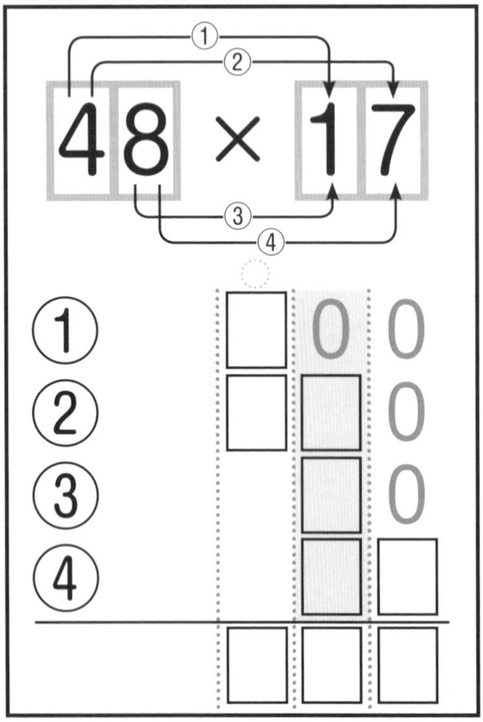

【問題 47】89×32

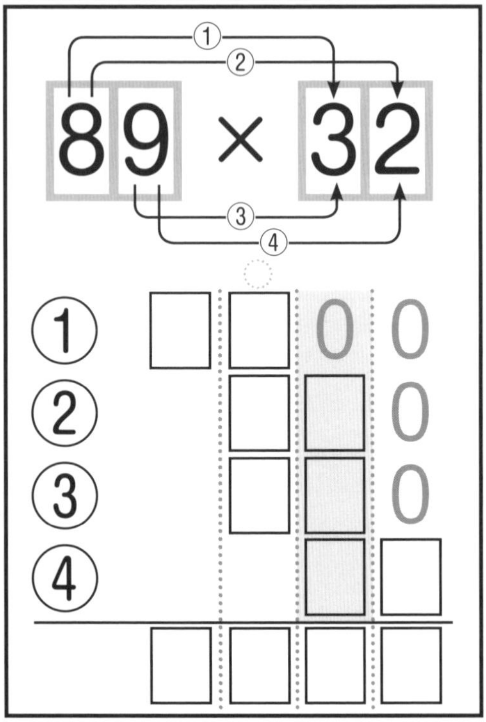

【解答】は 63 ページを参照してください。

【解答 40】23×34=782

23 × 34

		1		
①		6	0	0
②			8	0
③			9	0
④			1	2
		7	8	2

【解答 41】87×45=3915

87 × 45

		1		
①	3	2	0	0
②		4	0	0
③		2	8	0
④			3	5
	3	9	1	5

【解答 42】68×28=1904

68 × 28

		2		
①	1	2	0	0
②		4	8	0
③		1	6	0
④			6	4
	1	9	0	4

【解答 43】71×54=3834

71 × 54

		1		
①	3	5	0	0
②		2	8	0
③			5	0
④				4
	3	8	3	4

上記は 58 ページの【解答】です。

【問題 48】62×37

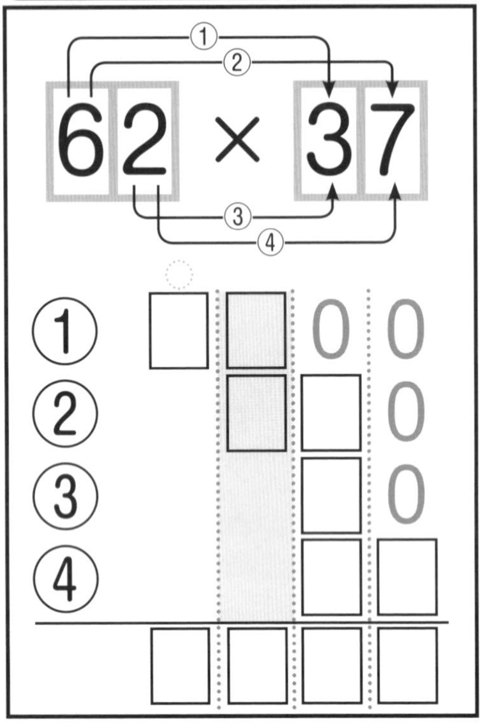

【問題 49】83×25

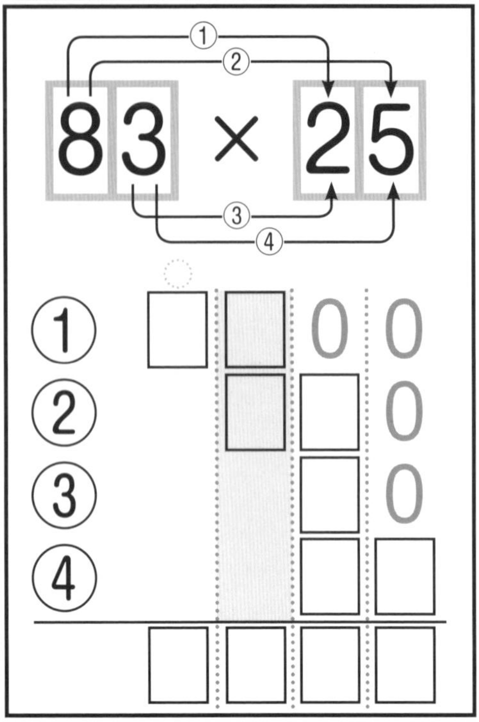

【問題 50】29×95

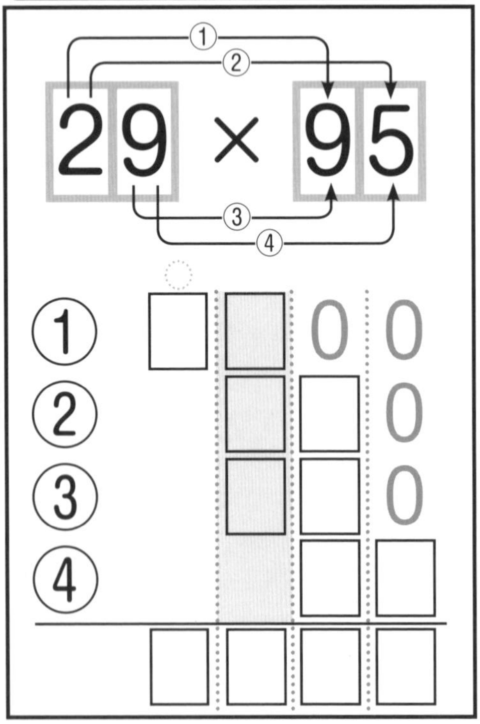

【問題 51】45×73

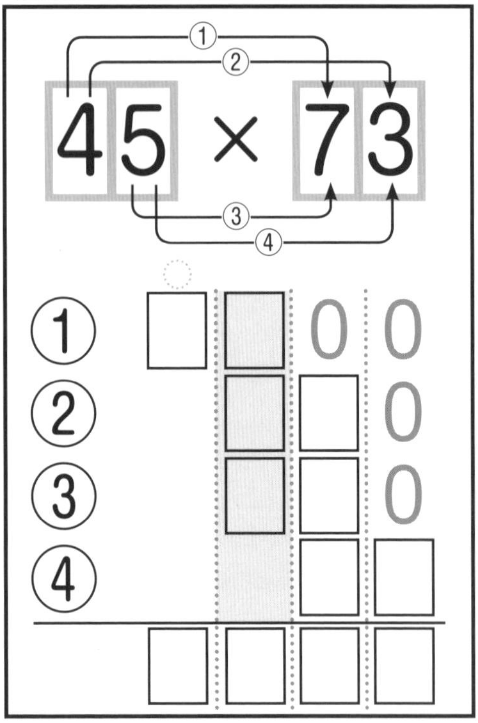

【解答】は 65 ページを参照してください。

【解答 44】52×75=3900

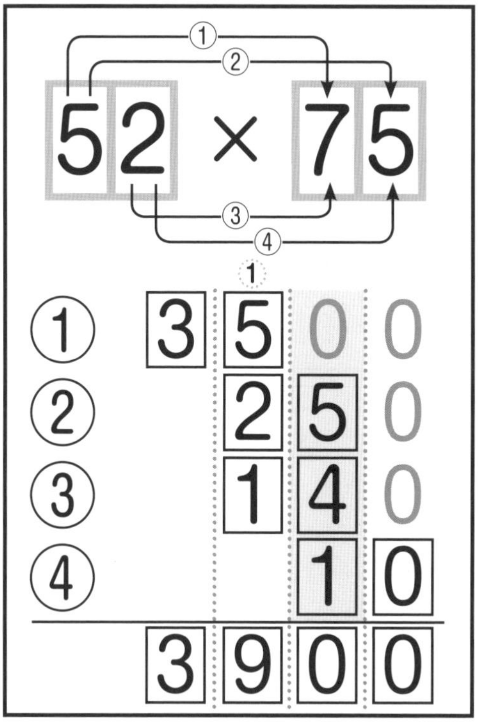
52 × 75
① 3 5 0 0
② 2 5 0
③ 1 4 0
④ 1 0
3 9 0 0

【解答 45】48×39=1872

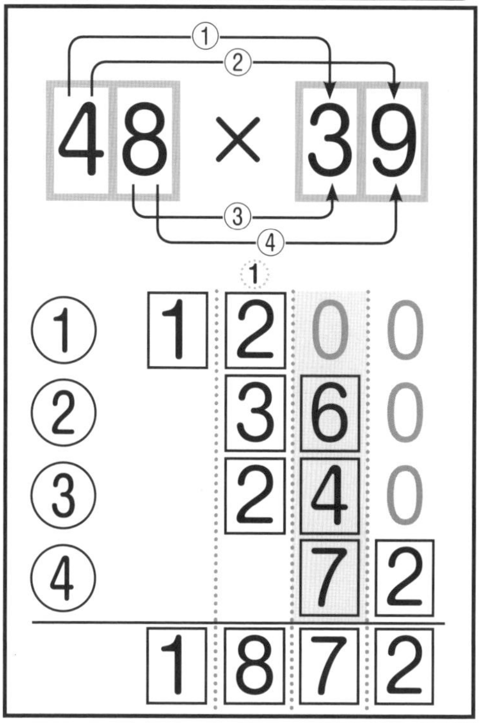
48 × 39
① 1 2 0 0
② 3 6 0
③ 2 4 0
④ 7 2
1 8 7 2

【解答 46】48×17=816

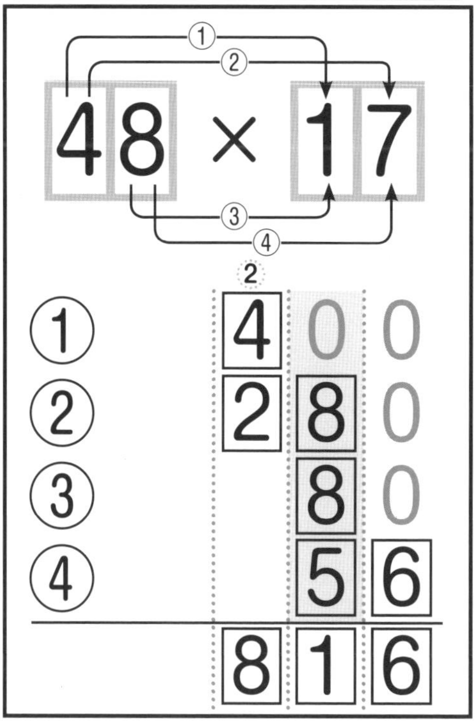
48 × 17
① 4 0 0
② 2 8 0
③ 8 0
④ 5 6
8 1 6

【解答 47】89×32=2848

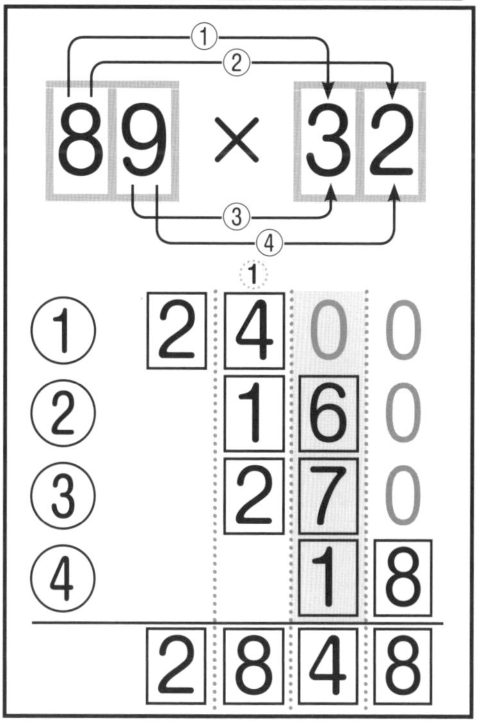
89 × 32
① 2 4 0 0
② 1 6 0
③ 2 7 0
④ 1 8
2 8 4 8

上記は 60 ページの【解答】です。

【問題 52】58×52

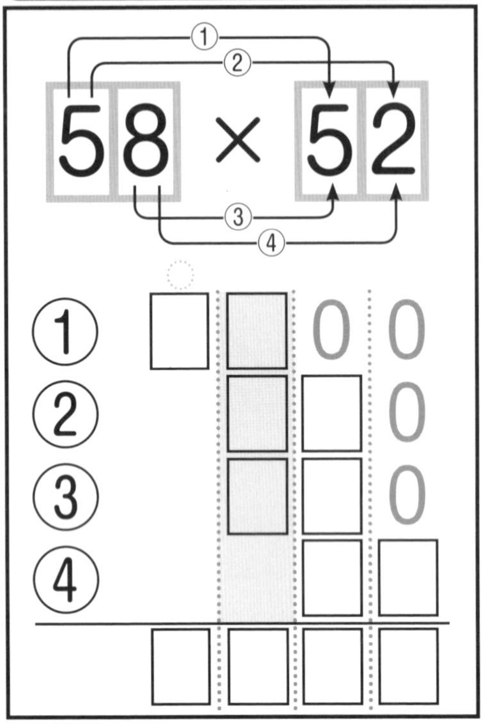

【問題 53】78×43

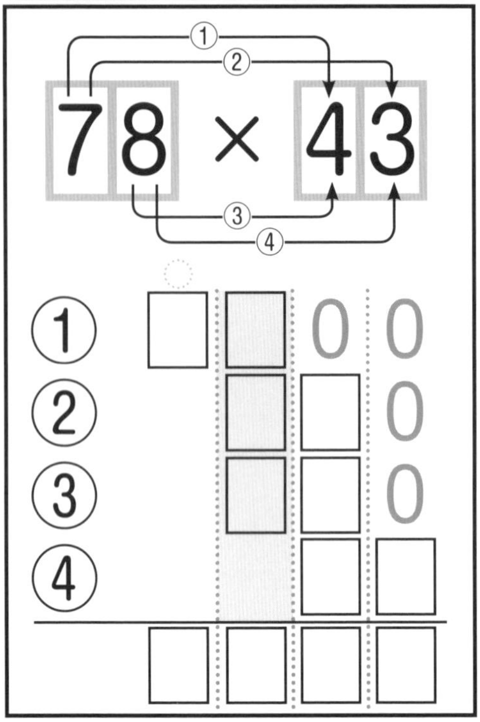

【問題 54】19×61

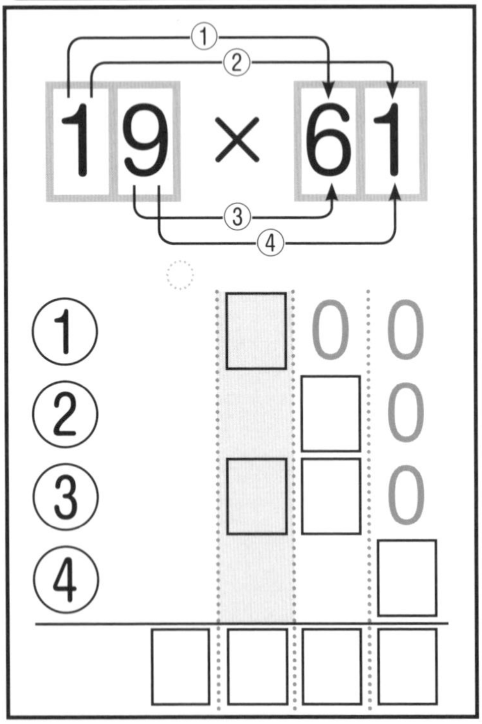

【問題 55】39×82

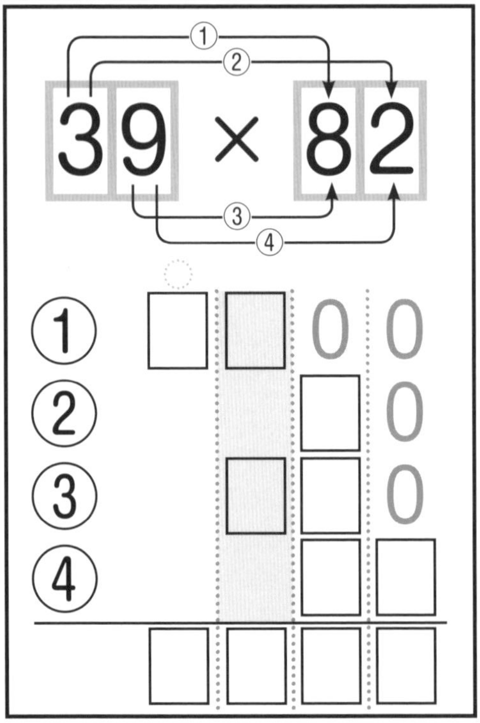

【解答】は 67 ページを参照してください。

【解答 48】62×37=2294

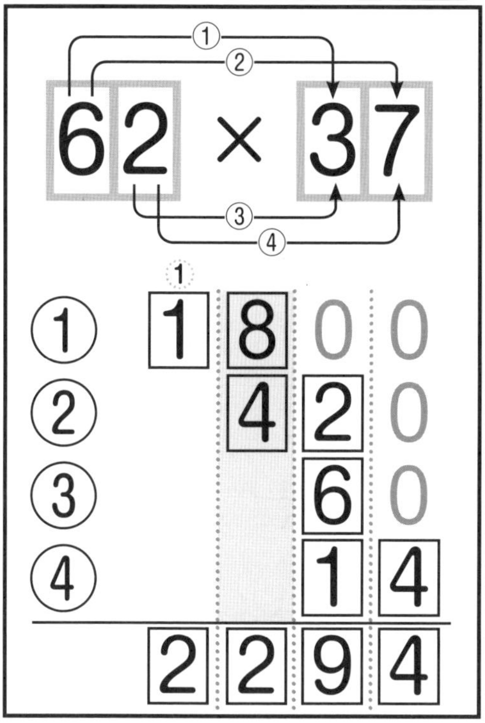

【解答 49】83×25=2075

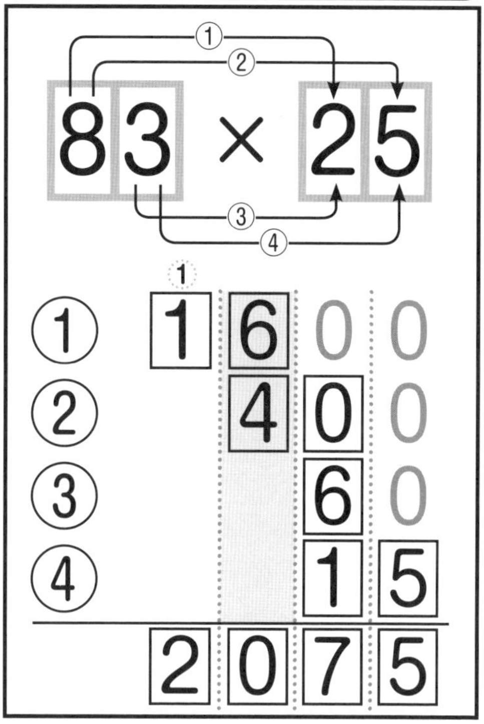

【解答 50】29×95=2755

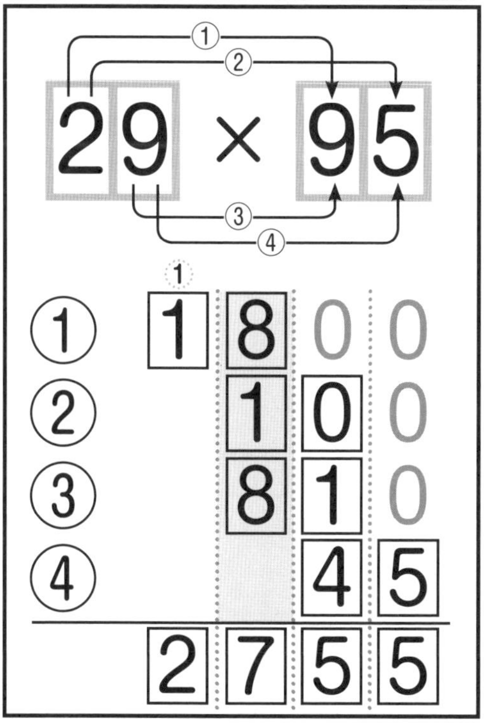

【解答 51】45×73=3285

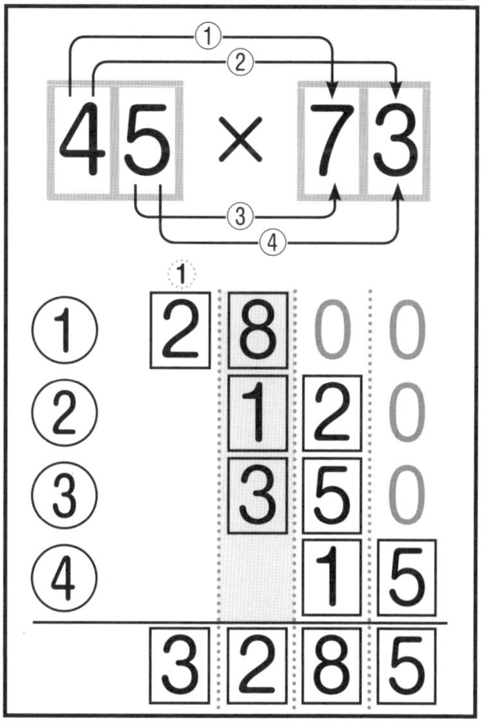

上記は 62 ページの【解答】です。

九九《くく》るマス計算シート「4問／くり上がりが百の位にある」

【問題 56】64×32

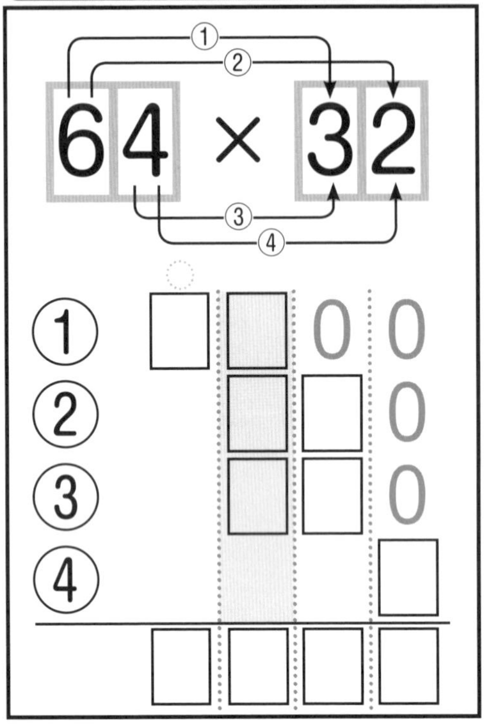

【問題 57】73×56

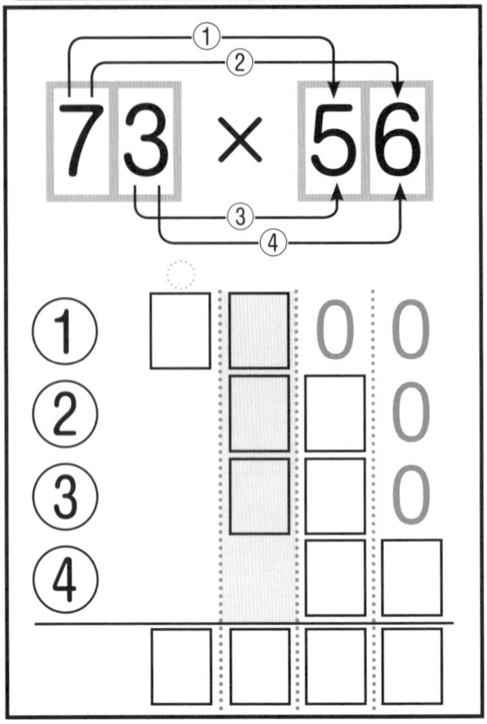

【問題 58】25×47

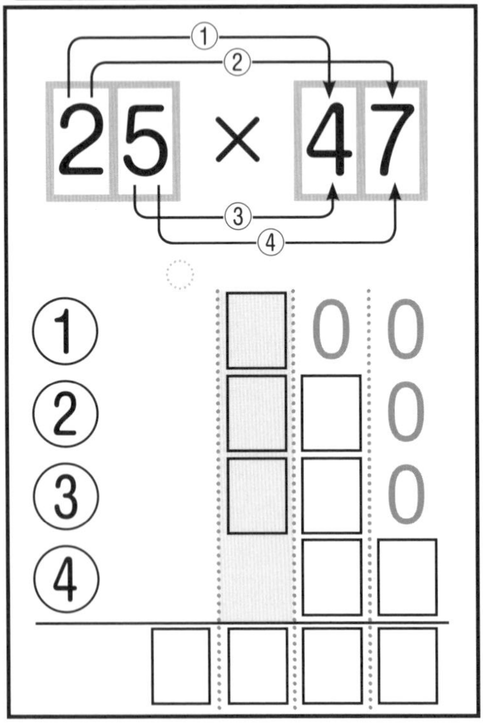

【問題 59】84×13

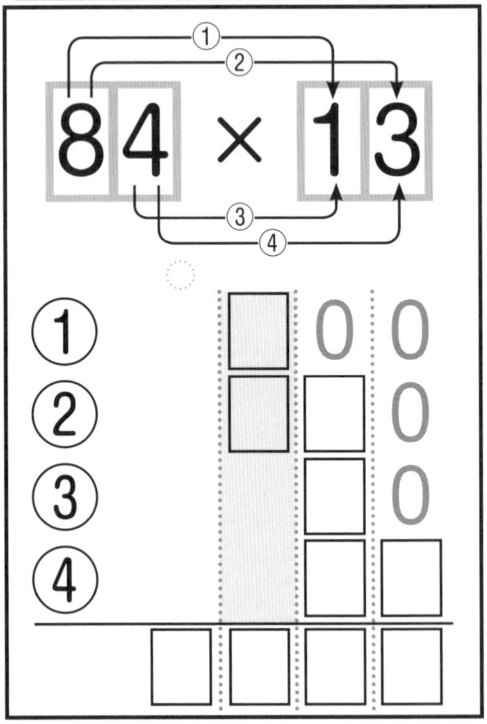

【解答】は 69 ページを参照してください。

【解答 52】58×52=3016

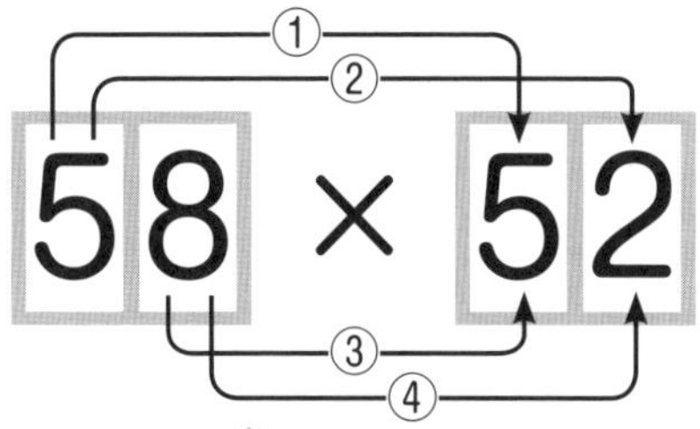

	1			
①	2	5	0	0
②		1	0	0
③		4	0	0
④			1	6
	3	0	1	6

【解答 53】78×43=3354

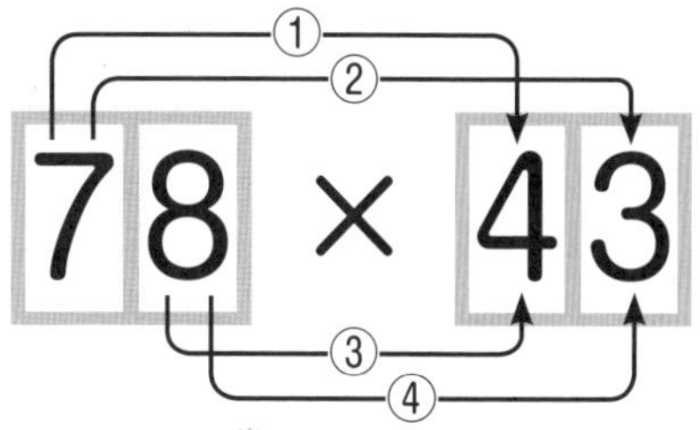

	1			
①	2	8	0	0
②		2	1	0
③		3	2	0
④			2	4
	3	3	5	4

【解答 54】19×61=1159

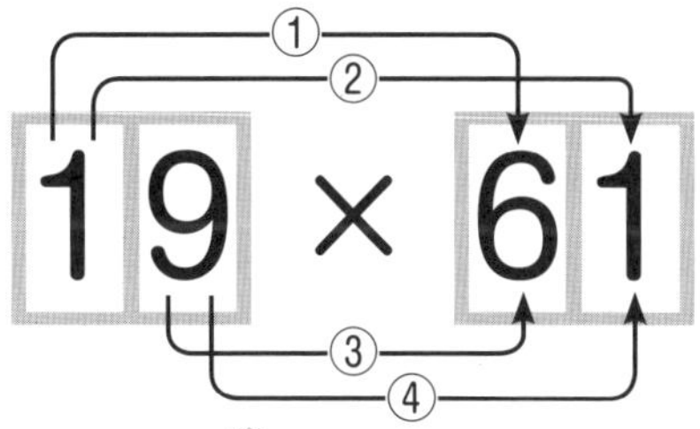

	1			
①		6	0	0
②			1	0
③		5	4	0
④				9
	1	1	5	9

【解答 55】39×82=3198

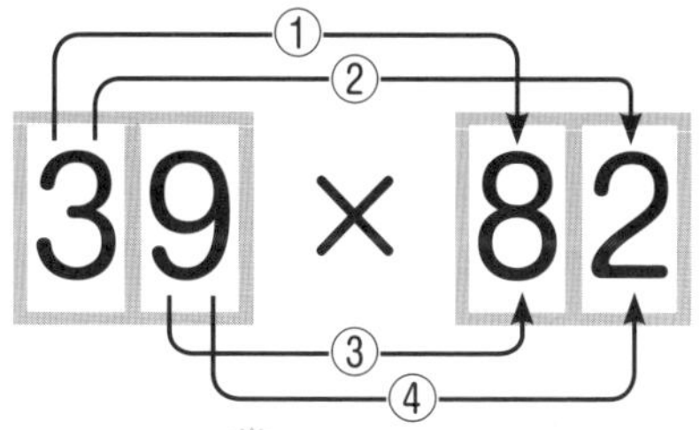

	1			
①	2	4	0	0
②			6	0
③		7	2	0
④			1	8
	3	1	9	8

上記は 64 ページの【解答】です。

【問題 60】17×79

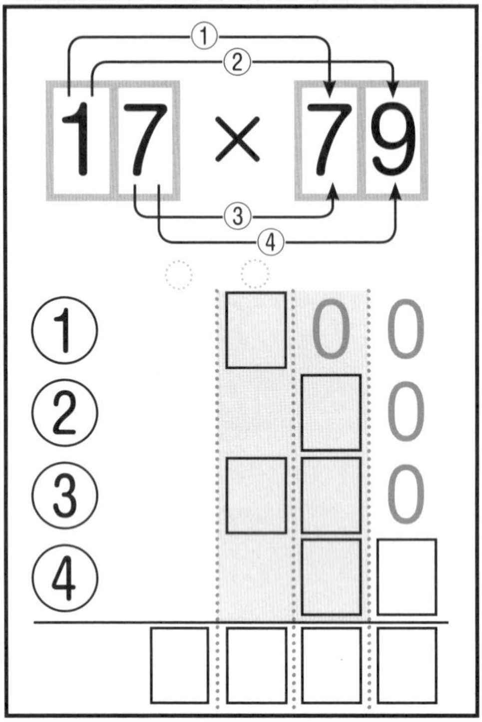

【問題 61】28×76

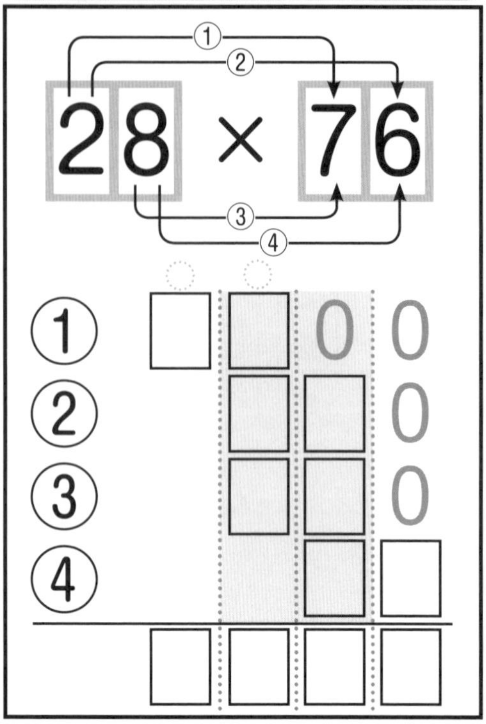

【問題 62】39×58

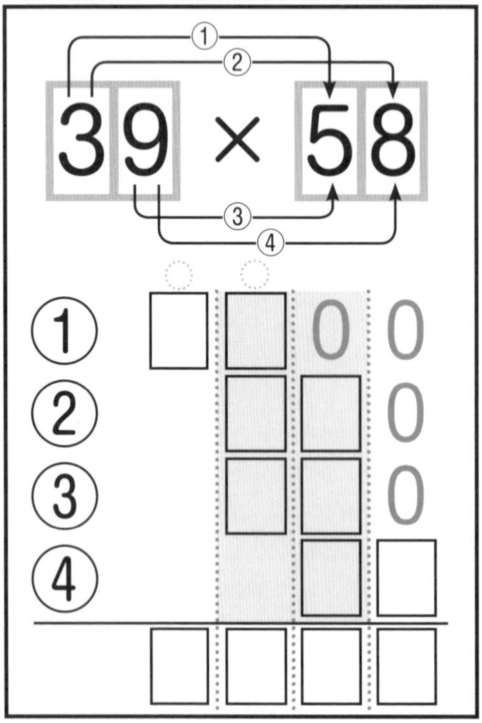

【問題 63】89×62

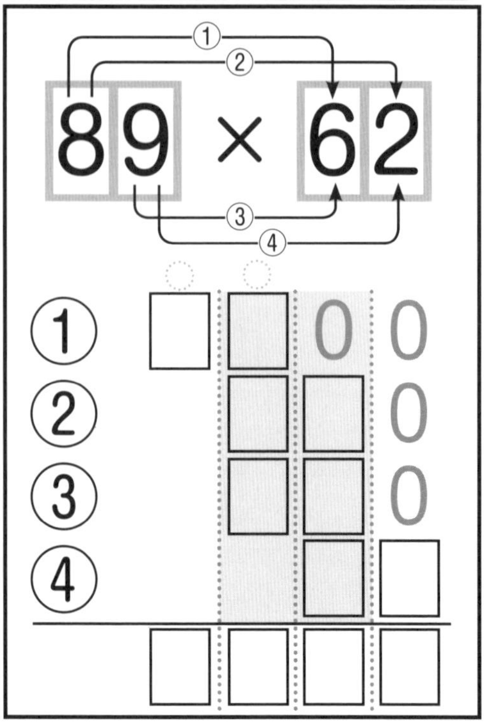

【解答】は 71 ページを参照してください。

【解答 56】64×32=2048

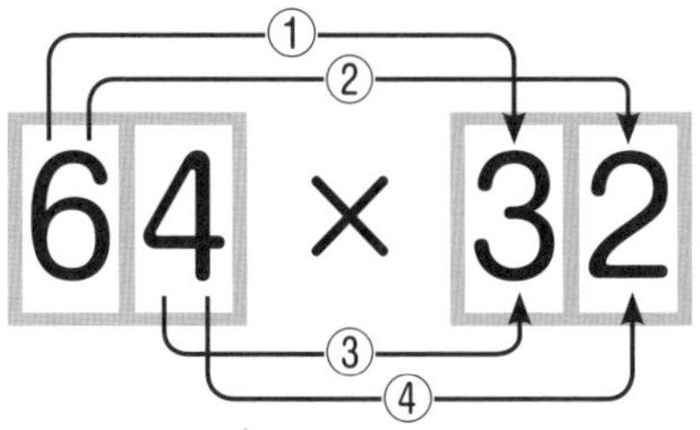

	1			
①	1	8	0	0
②		1	2	0
③		1	2	0
④				8
	2	0	4	8

【解答 57】73×56=4088

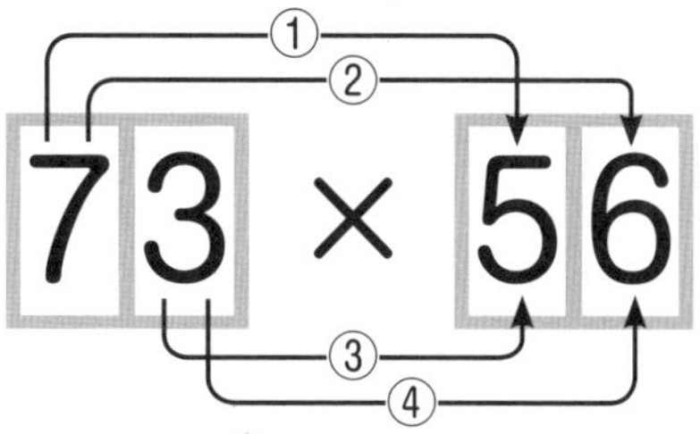

	1			
①	3	5	0	0
②		4	2	0
③		1	5	0
④			1	8
	4	0	8	8

【解答 58】25×47=1175

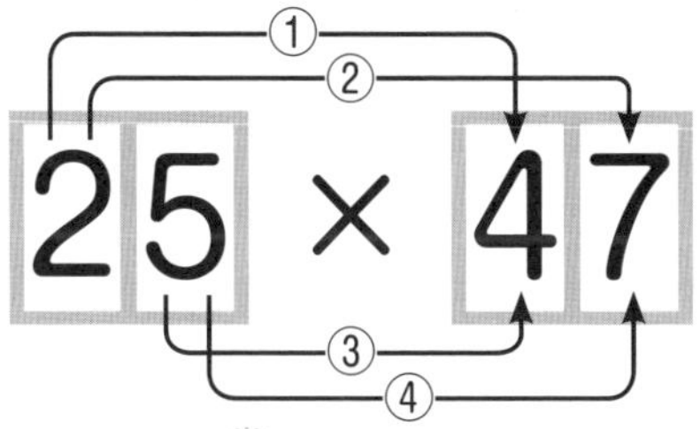

	1			
①		8	0	0
②		1	4	0
③		2	0	0
④			3	5
	1	1	7	5

【解答 59】84×13=1092

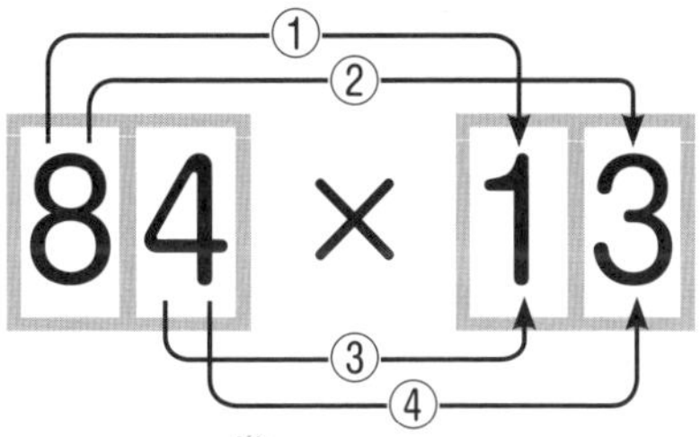

	1			
①		8	0	0
②		2	4	0
③			4	0
④			1	2
	1	0	9	2

【問題 64】98×19

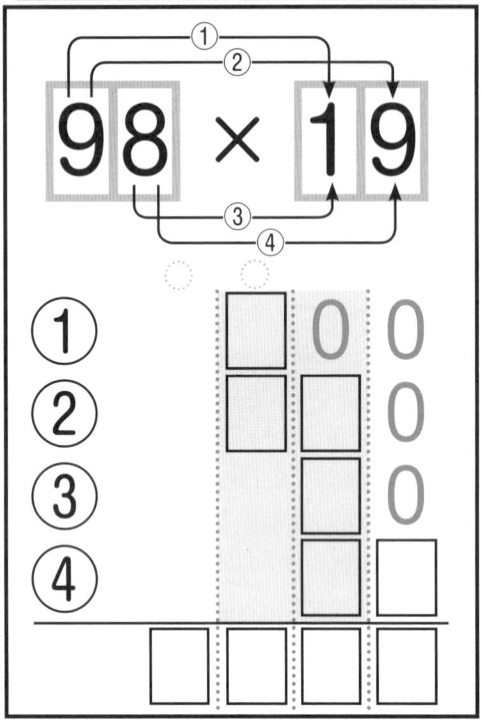

【問題 65】43×27

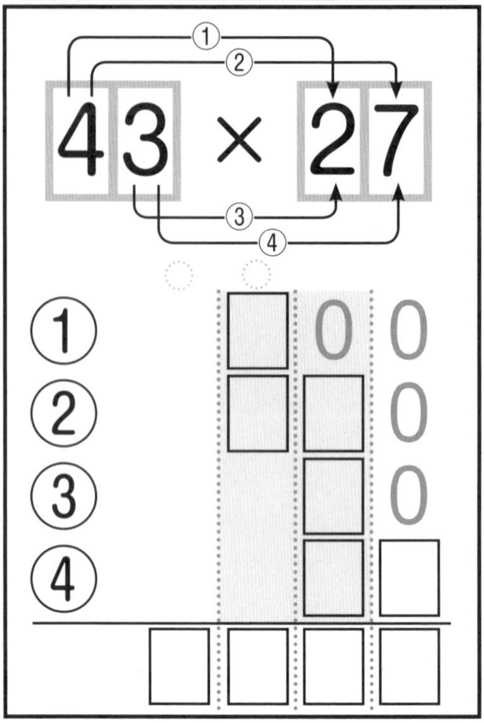

【問題 66】69×58

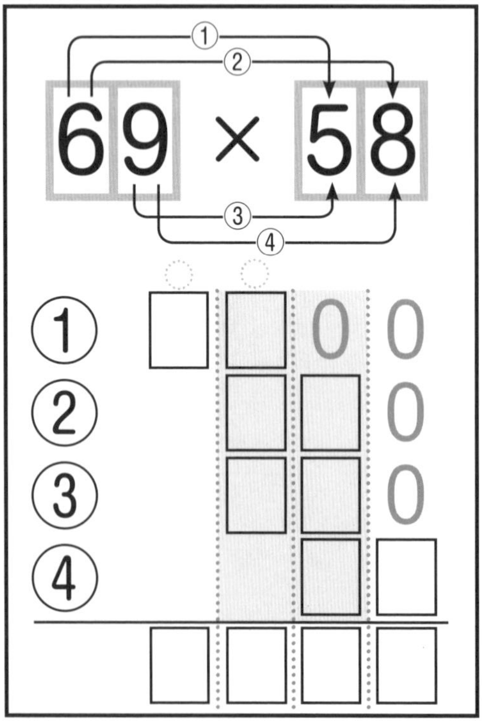

【問題 67】34×92

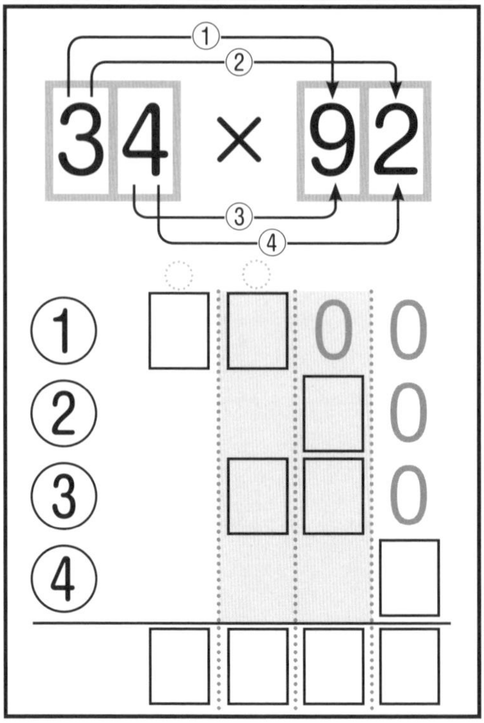

【解答】は 73 ページを参照してください。

【解答 60】17×79=1343

17 × 79

くり上がり	①1	②2		
①		7	0	0
②			9	0
③		4	9	0
④			6	3
	1	3	4	3

【解答 61】28×76=2128

28 × 76

くり上がり	①1	①1		
①	1	4	0	0
②		1	2	0
③		5	6	0
④			4	8
	2	1	2	8

【解答 62】39×58=2262

39 × 58

くり上がり	①1	①1		
①	1	5	0	0
②		2	4	0
③		4	5	0
④			7	2
	2	2	6	2

【解答 63】89×62=5518

89 × 62

くり上がり	①1	①1		
①	4	8	0	0
②		1	6	0
③		5	4	0
④			1	8
	5	5	1	8

上記は 68 ページの【解答】です。

【問題 68】49×29

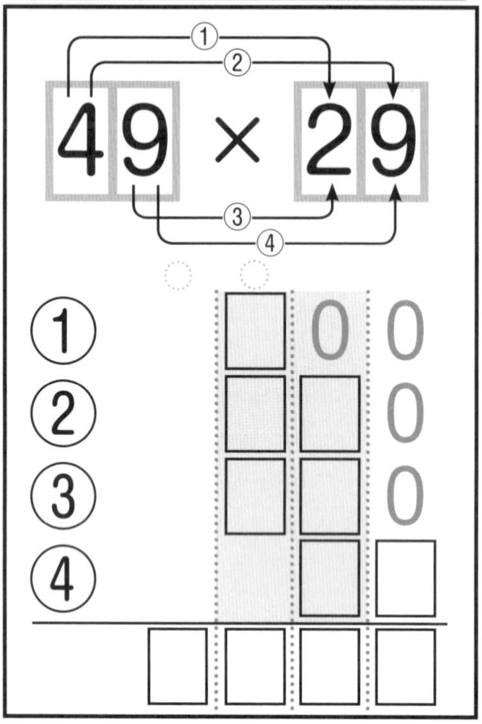

【問題 69】64×47

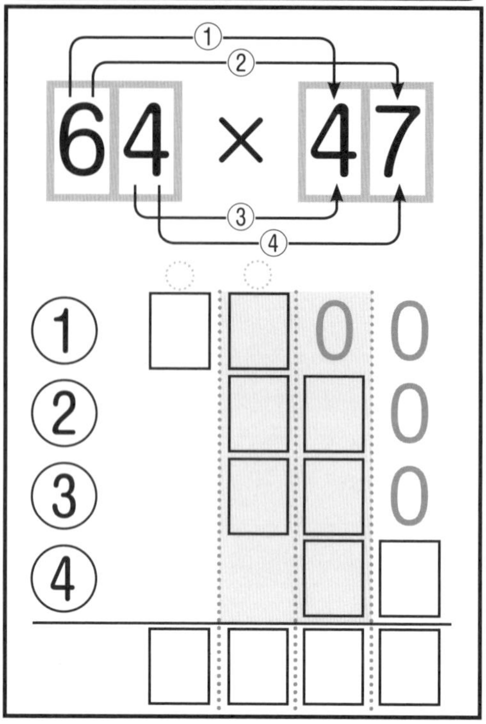

【問題 70】83×63

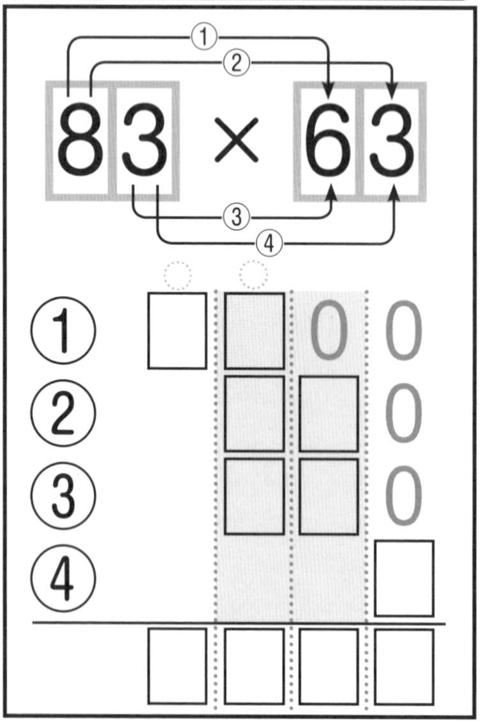

【問題 71】24×97

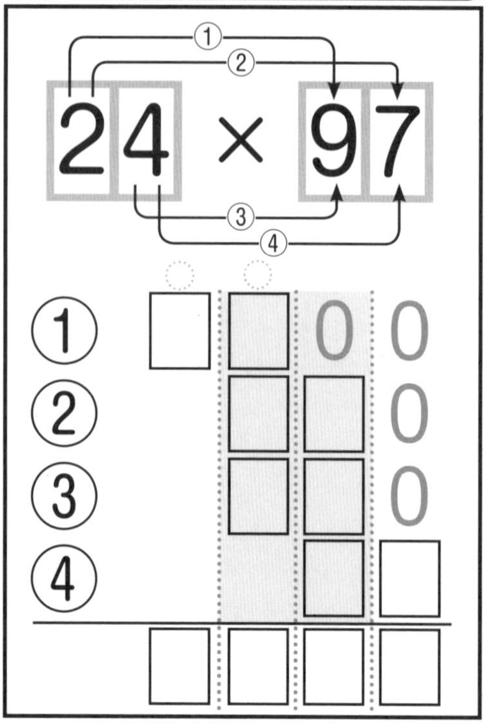

【解答】は 75 ページを参照してください。

【解答 64】98×19=1862

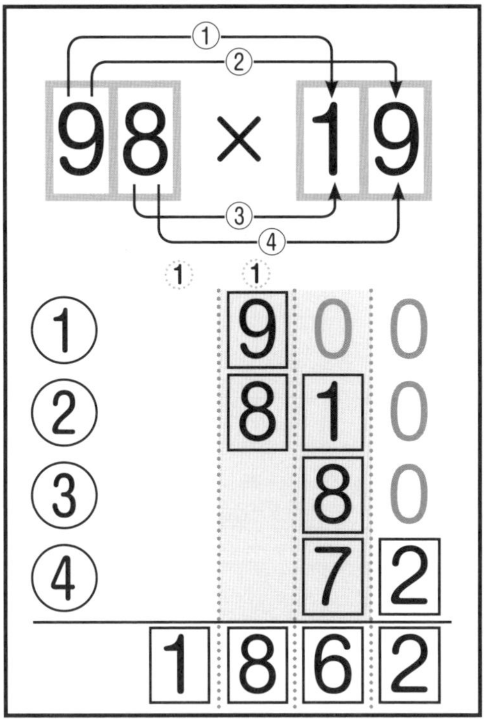
98 × 19
① ② ③ ④
1 1
① 9 0 0
② 8 1 0
③ 8 0
④ 7 2
1 8 6 2

【解答 65】43×27=1161

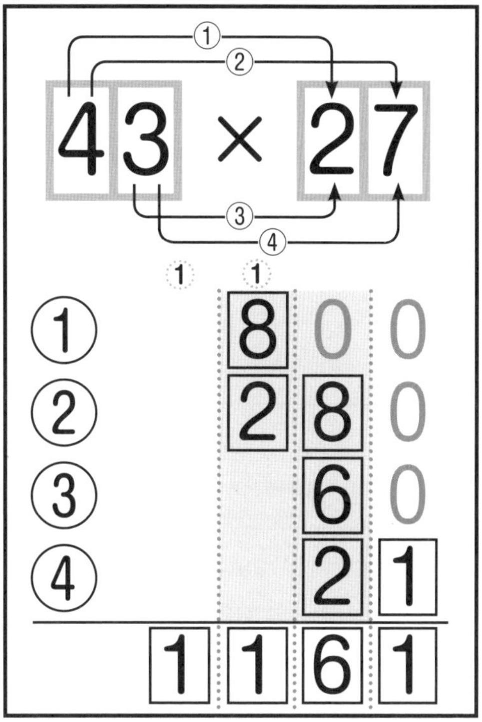
43 × 27
① ② ③ ④
1 1
① 8 0 0
② 2 8 0
③ 6 0
④ 2 1
1 1 6 1

【解答 66】69×58=4002

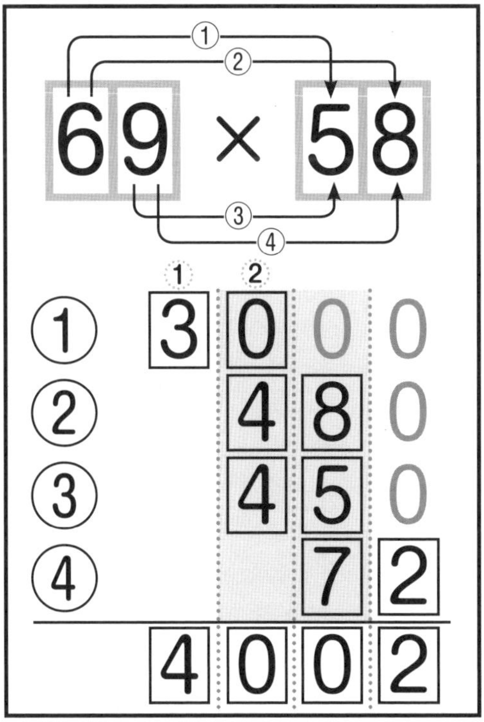
69 × 58
① ② ③ ④
1 2
① 3 0 0 0
② 4 8 0
③ 4 5 0
④ 7 2
4 0 0 2

【解答 67】34×92=3128

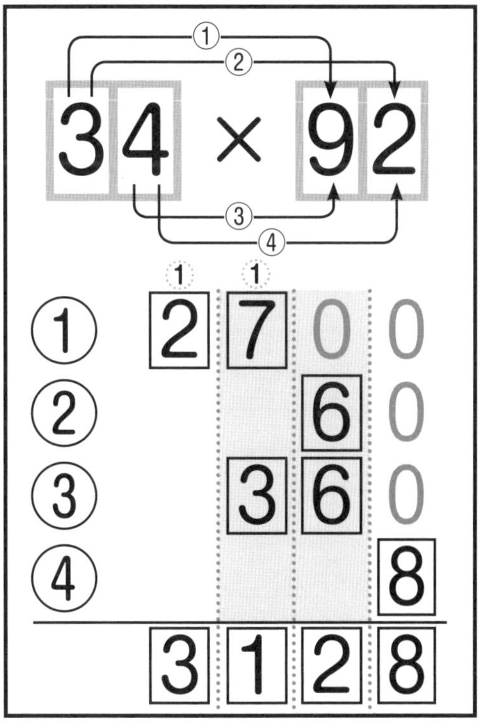
34 × 92
① ② ③ ④
1 1
① 2 7 0 0
② 6 0
③ 3 6 0
④ 8
3 1 2 8

【問題】ページ

ここから、9問の九九《くく》るマス計算シートになります。2問、4問と同じく「くり上がりなし」からスタートし、順に、十の位《くらい》、百の位、十と百の位にくり上がりがある問題へと進んでいきます。お子さんが低学年で、小さな文字の書き込みをイヤがるようでしたら、無理をせずに136～139ページの九九《くく》るマス計算シートをコピーして、保護者の方が問題を作成してあげてください。

【問題72】72×63

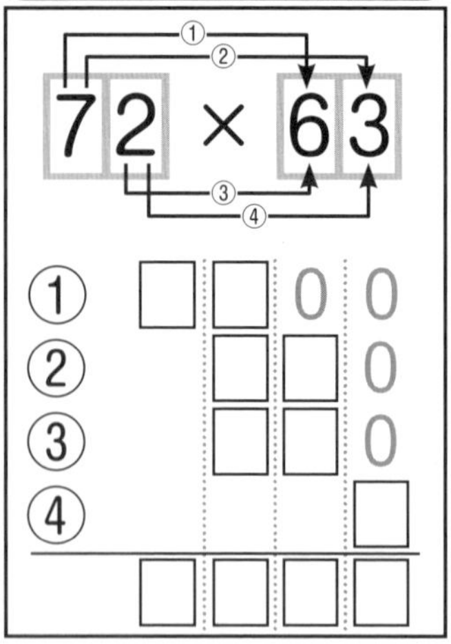

【問題73】46×58

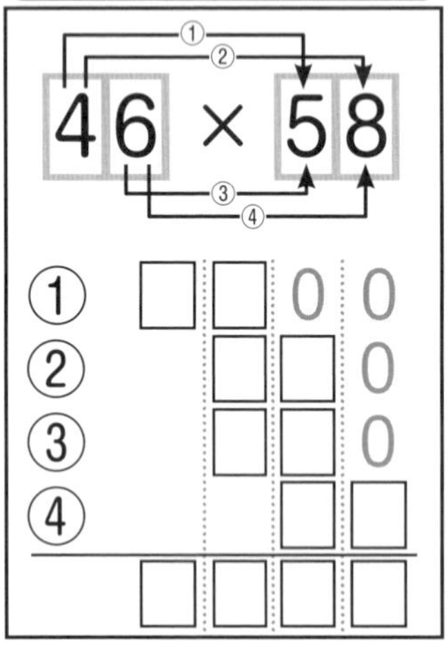

【問題74】64×92

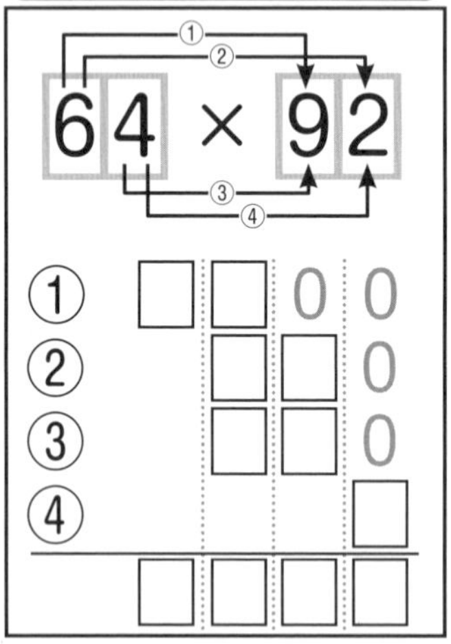

【問題75】23×16

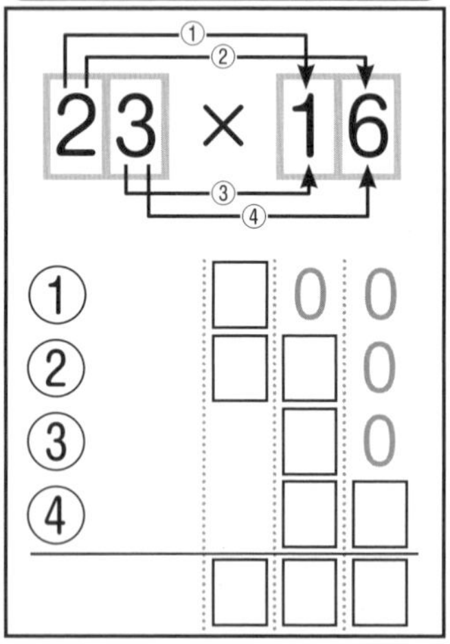

【問題76】38×47

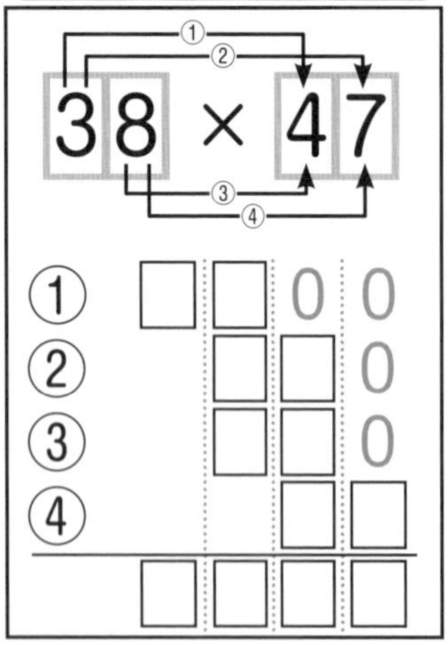

【問題77】92×63

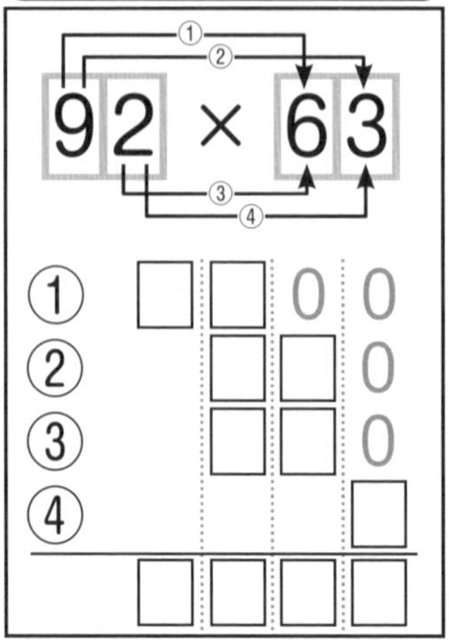

【問題78】13×46

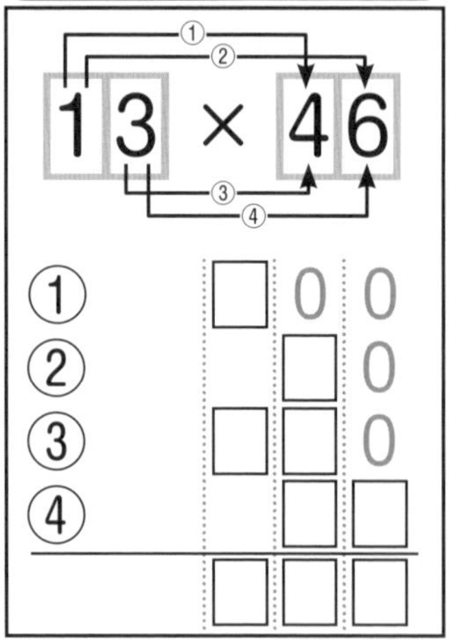

【解答】は77ページを参照してください。

九九《くく》るマス計算シート「4問／くり上がりが十と百の位にある」

【解答 68】49×29=1421

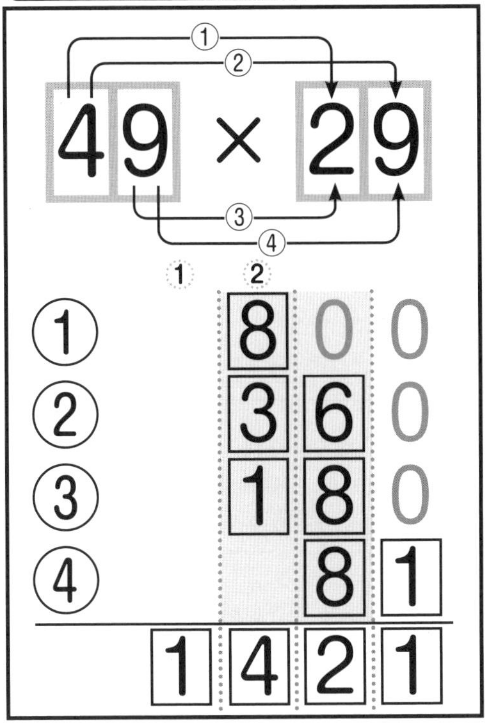

【解答 69】64×47=3008

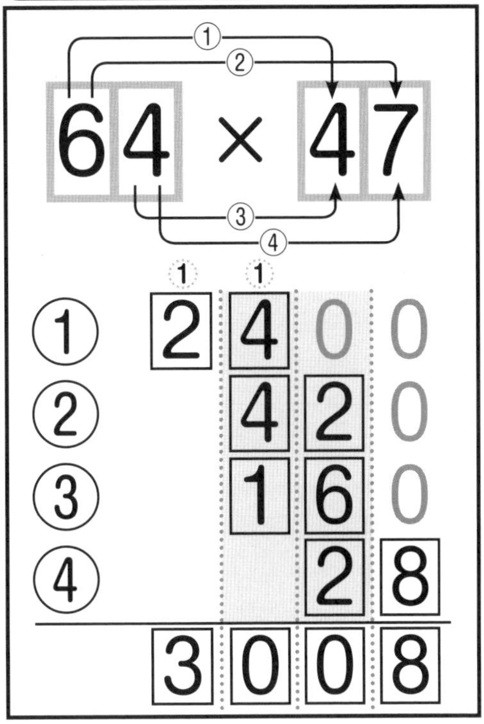

【解答 70】83×63=5229

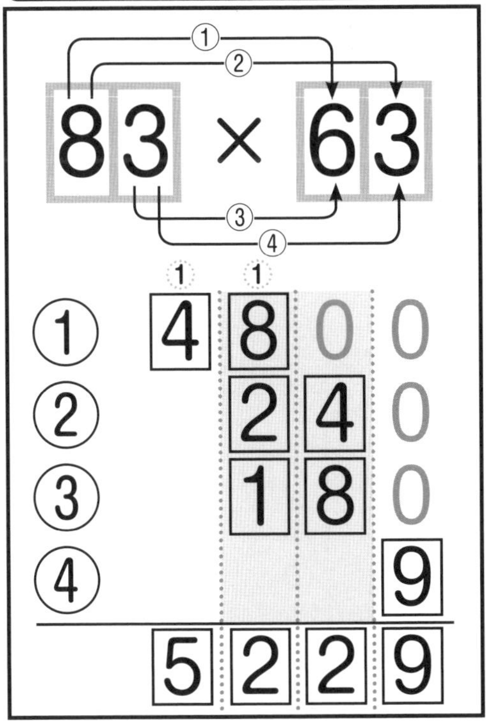

【解答 71】24×97=2328

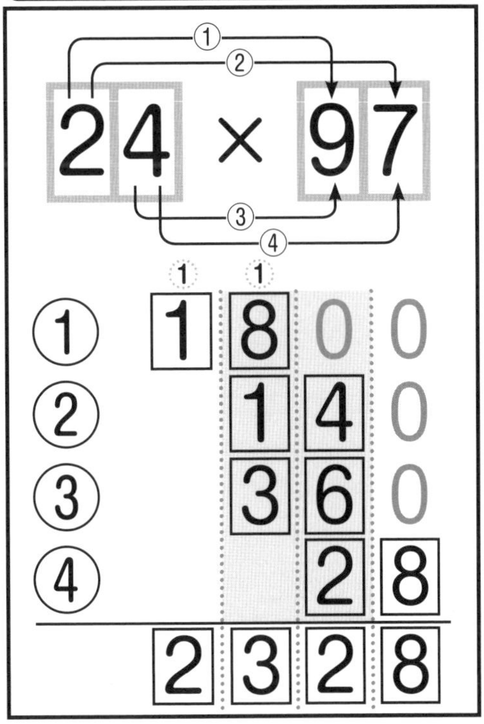

上記は 72 ページの【解答】です。

九九《くく》るマス計算シート「9問／くり上がりなし」

【問題 79】42×63

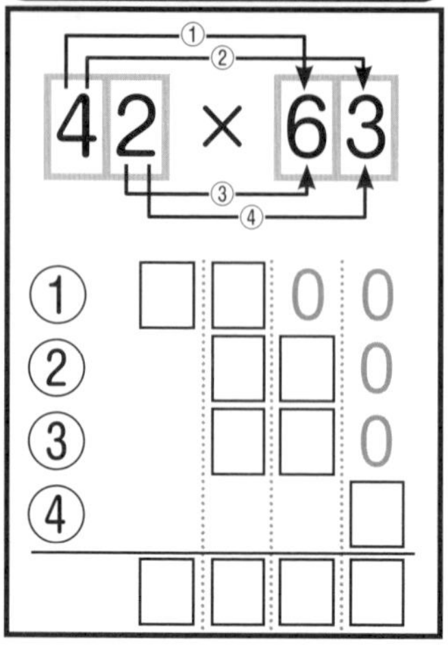

【問題 80】61×16

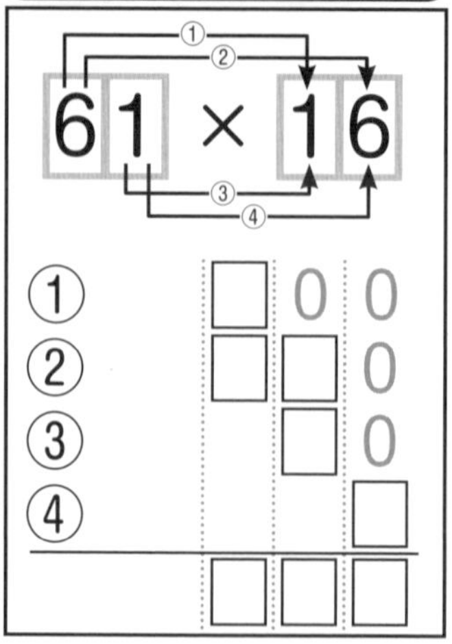

【問題 81】27×25

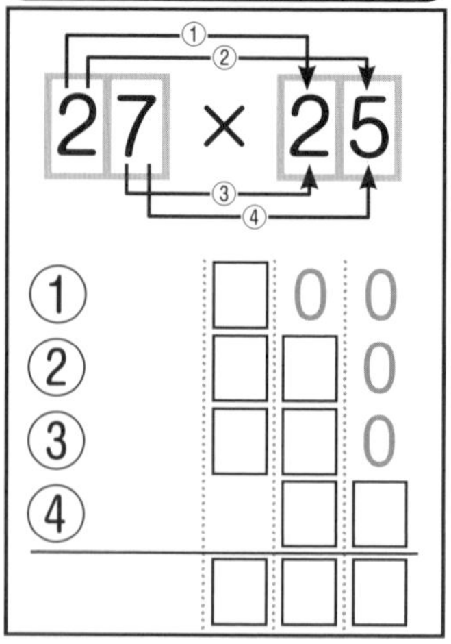

【問題 82】36×27

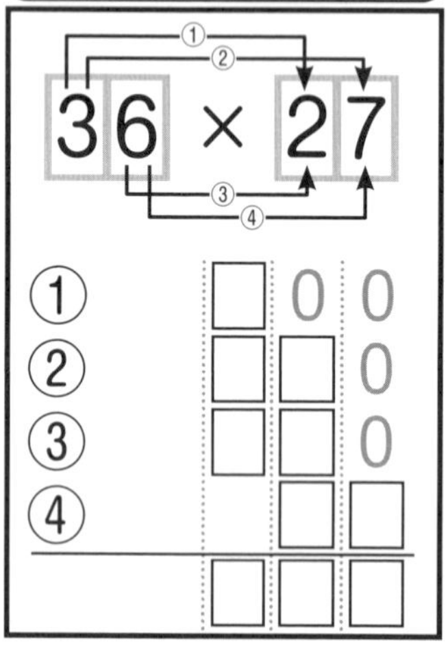

【問題 83】93×74

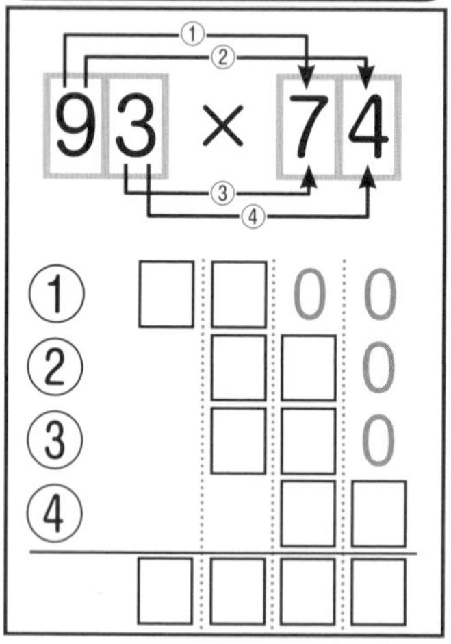

【問題 84】14×64

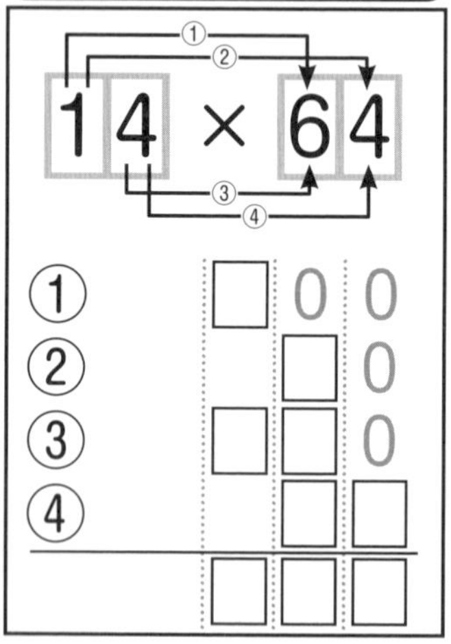

【問題 85】57×84

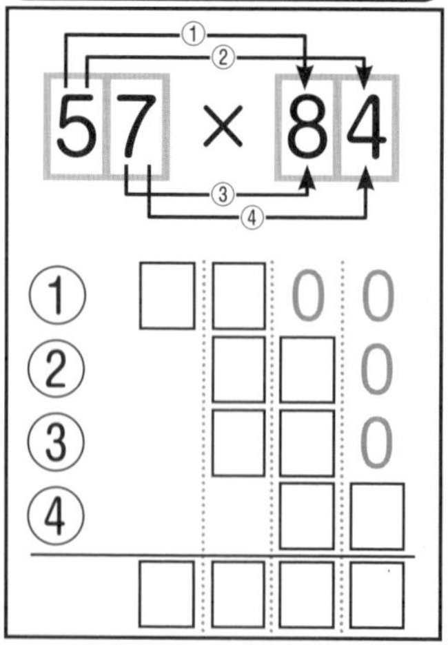

【問題 86】84×83

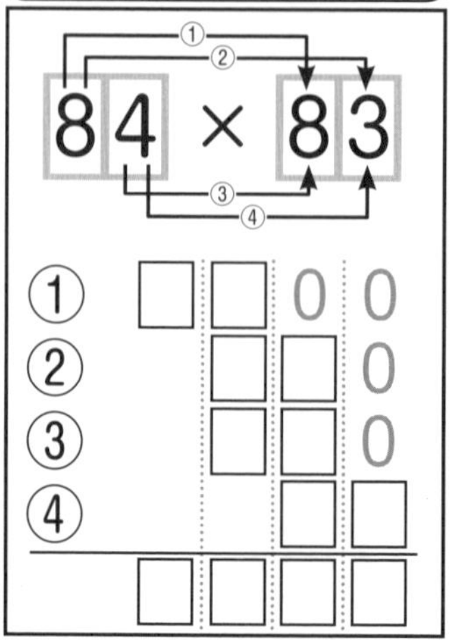

【問題 87】75×93

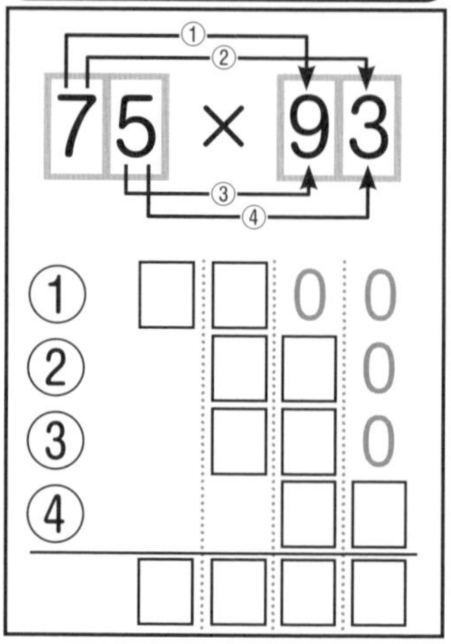

【解答】は79ページを参照してください。

【解答】ページ

九《く》九《く》るマス計算法の練習段階では、スピードを競う必要はありません。九《く》九《く》とたし算の正確性を求めてください。また、九《く》九《く》るマス計算法になれてきた子どもは、次第に計算の速さを気にするようになります。お子さんが9問の計算トレーニングを終えて、九《く》九《く》るマス計算法を完璧にマスターしたようでしたら、134ページのコラムを参照してタイムを計ってみるのもいいでしょう。

【解答 72】72×63=4536

72 × 63 （①②③④）

①	4	2	0	0
②		2	1	0
③		1	2	0
④				6
	4	5	3	6

【解答 73】46×58=2668

46 × 58 （①②③④）

①	2	0	0	0
②		3	2	0
③		3	0	0
④			4	8
	2	6	6	8

【解答 74】64×92=5888

64 × 92 （①②③④）

①	5	4	0	0
②		1	2	0
③		3	6	0
④				8
	5	8	8	8

【解答 75】23×16=368

23 × 16 （①②③④）

①		2	0	0
②		1	2	0
③			3	0
④			1	8
		3	6	8

【解答 76】38×47=1786

38 × 47 （①②③④）

①	1	2	0	0
②		2	1	0
③		3	2	0
④			5	6
	1	7	8	6

【解答 77】92×63=5796

92 × 63 （①②③④）

①	5	4	0	0
②		2	7	0
③		1	2	0
④				6
	5	7	9	6

【解答 78】13×46=598

13 × 46 （①②③④）

①		4	0	0
②			6	0
③		1	2	0
④			1	8
		5	9	8

上記は74ページの【解答】です。

【問題 88】64×56

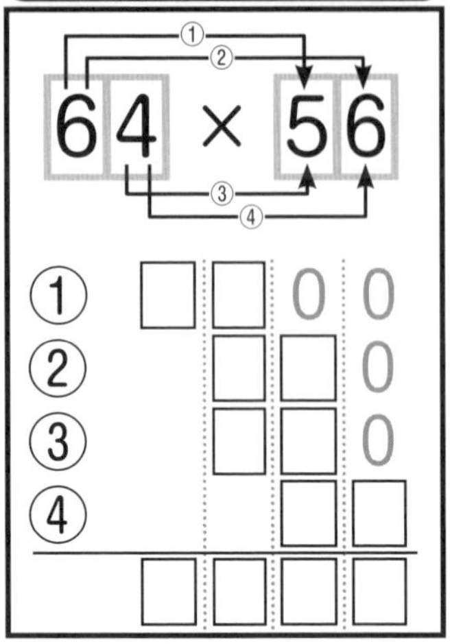

【問題 89】21×95

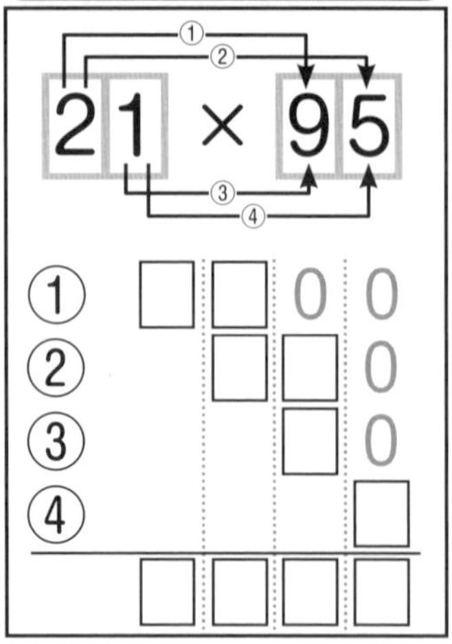

【問題 90】32×84

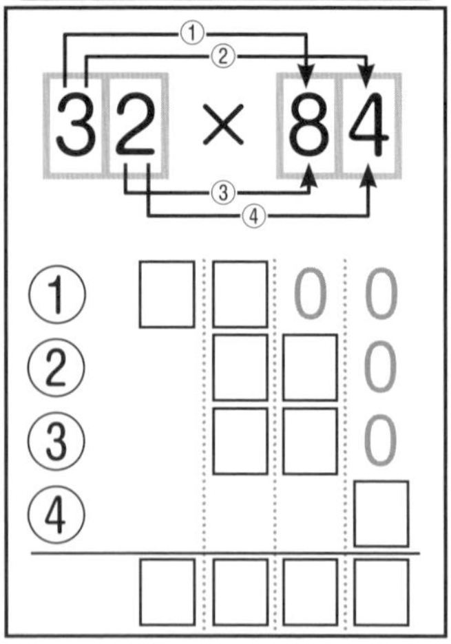

【問題 91】93×86

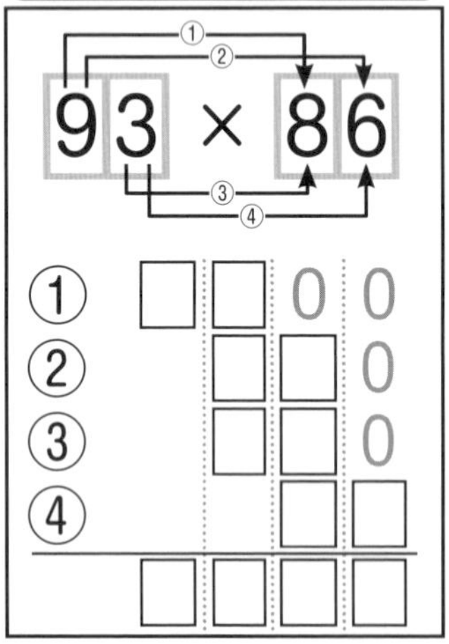

【問題 92】15×13

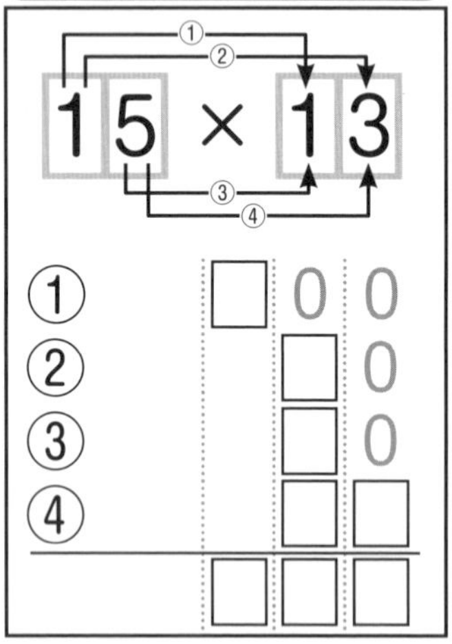

【問題 93】58×46

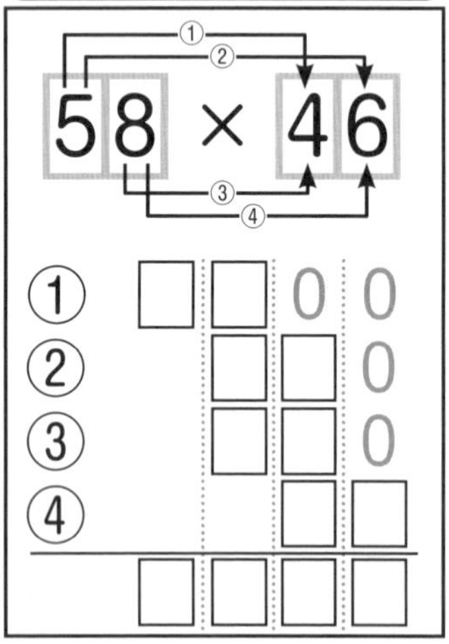

【問題 94】82×73

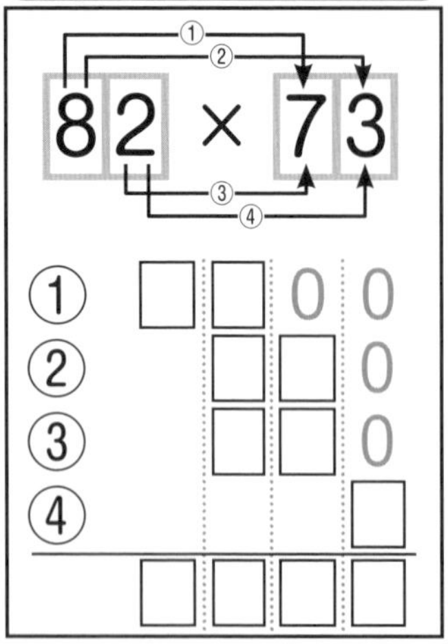

【問題 95】78×23

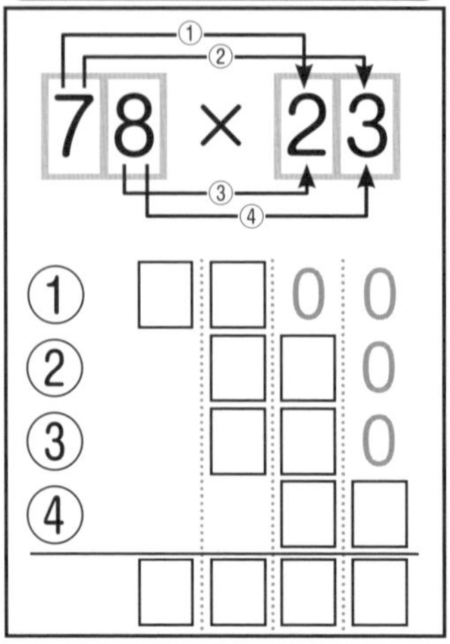

【問題 96】47×85

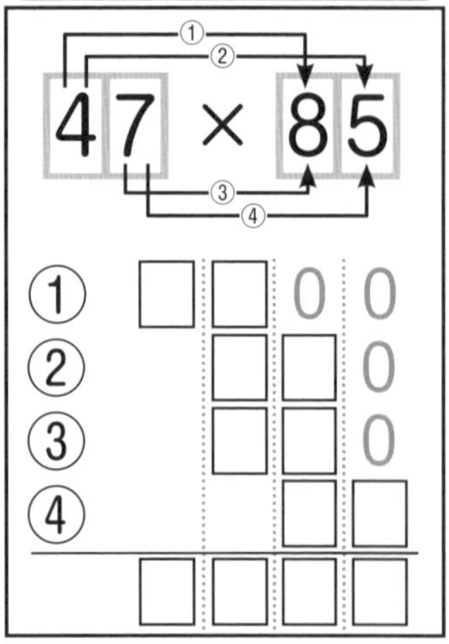

【解答】は 81 ページを参照してください。

【解答 79】42×63=2646

42 × 63

①	2	4	0	0
②		1	2	0
③		1	2	0
④				6
	2	6	4	6

【解答 80】61×16=976

61 × 16

①	6	0	0
②	3	6	0
③		1	0
④			6
	9	7	6

【解答 81】27×25=675

27 × 25

①	4	0	0
②	1	0	0
③	1	4	0
④		3	5
	6	7	5

【解答 82】36×27=972

36 × 27

①	6	0	0
②	2	1	0
③	1	2	0
④		4	2
	9	7	2

【解答 83】93×74=6882

93 × 74

①	6	3	0	0
②		3	6	0
③		2	1	0
④			1	2
	6	8	8	2

【解答 84】14×64=896

14 × 64

①	6	0	0
②		4	0
③	2	4	0
④		1	6
	8	9	6

【解答 85】57×84=4788

57 × 84

①	4	0	0	0
②		2	0	0
③		5	6	0
④			2	8
	4	7	8	8

【解答 86】84×83=6972

84 × 83

①	6	4	0	0
②		2	4	0
③		3	2	0
④			1	2
	6	9	7	2

【解答 87】75×93=6975

75 × 93

①	6	3	0	0
②		2	1	0
③		4	5	0
④			1	5
	6	9	7	5

上記は 76 ページの【解答】です。

【問題 97】27×54

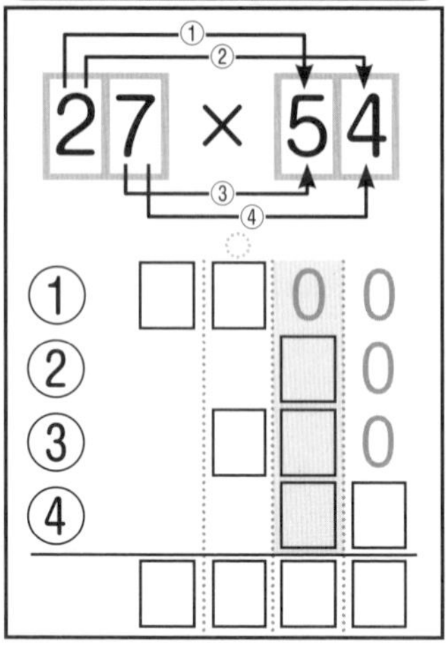

【問題 98】37×46

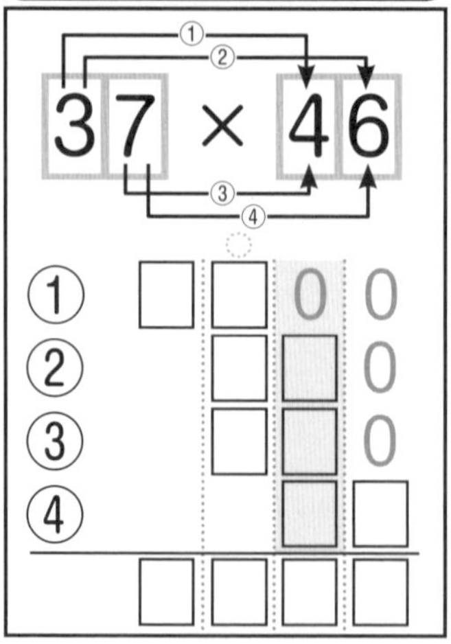

【問題 99】91×54

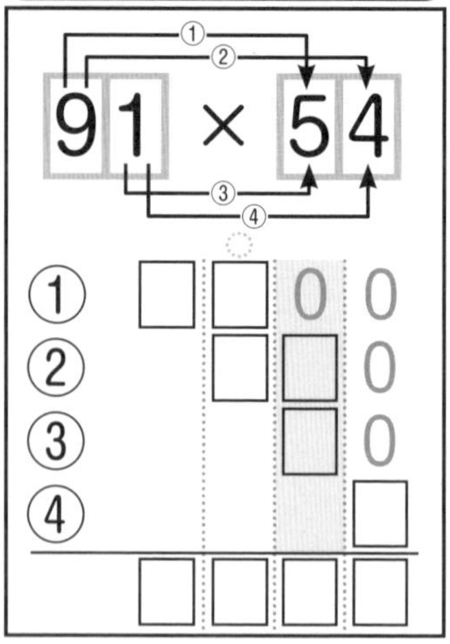

【問題 100】13×69

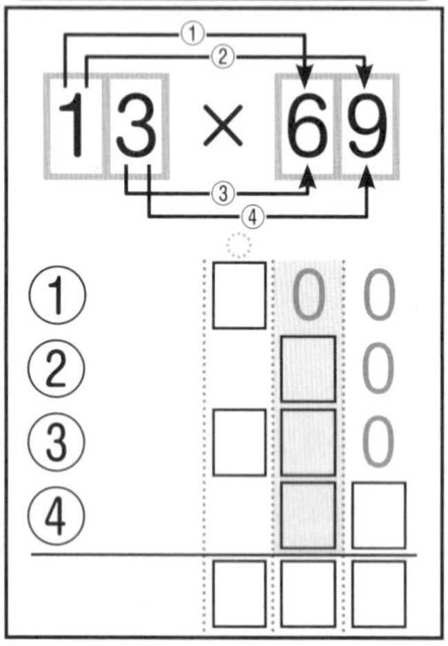

【問題 101】53×67

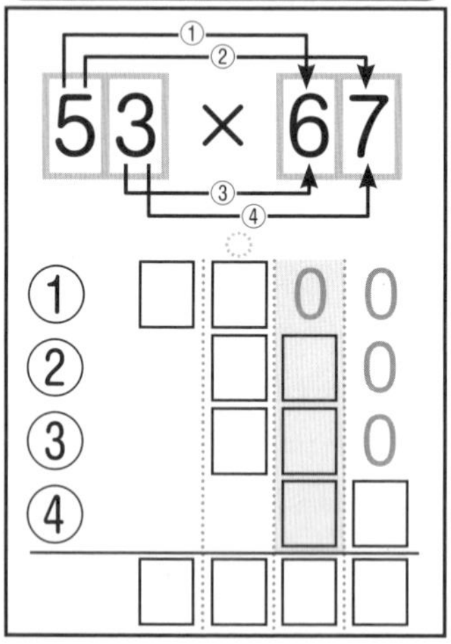

【問題 102】81×84

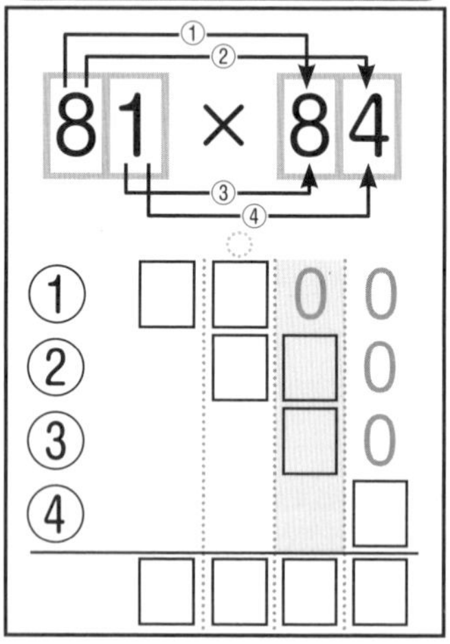

【問題 103】74×67

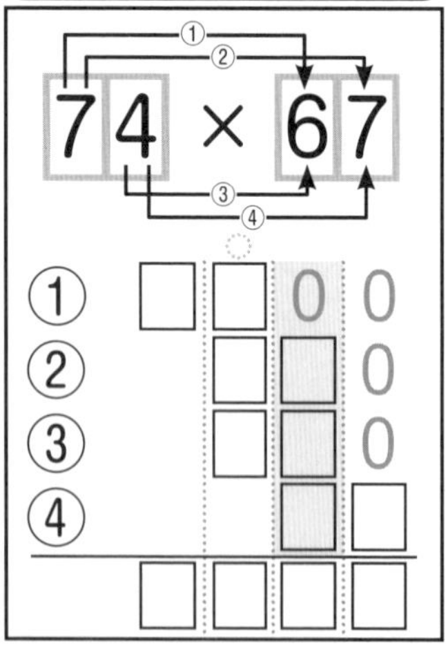

【問題 104】41×97

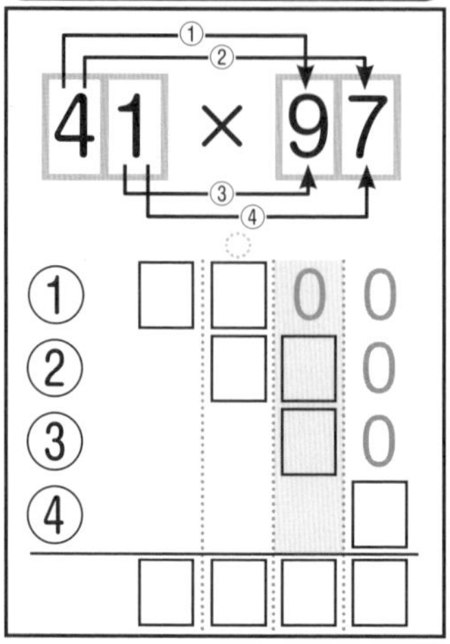

【問題 105】64×76

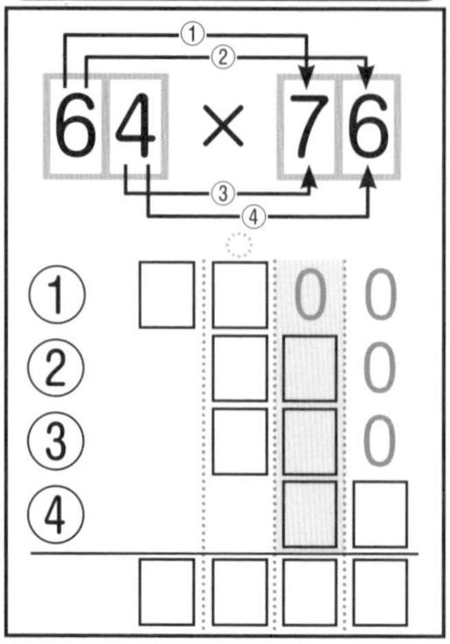

【解答】は 83 ページを参照してください。

【解答 88】64×56=3584

64 × 56

①	3000
②	360
③	200
④	24
	3584

【解答 89】21×95=1995

21 × 95

①	1800
②	100
③	90
④	5
	1995

【解答 90】32×84=2688

32 × 84

①	2400
②	120
③	160
④	8
	2688

【解答 91】93×86=7998

93 × 86

①	7200
②	540
③	240
④	18
	7998

【解答 92】15×13=195

15 × 13

①	100
②	30
③	50
④	15
	195

【解答 93】58×46=2668

58 × 46

①	2000
②	300
③	320
④	48
	2668

【解答 94】82×73=5986

82 × 73

①	5600
②	240
③	140
④	6
	5986

【解答 95】78×23=1794

78 × 23

①	1400
②	210
③	160
④	24
	1794

【解答 96】47×85=3995

47 × 85

①	3200
②	200
③	560
④	35
	3995

上記は78ページの【解答】です。

【問題 106】37×79

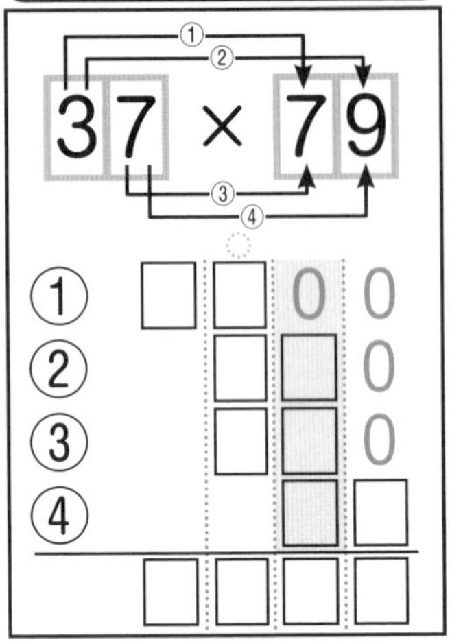

【問題 107】93×52

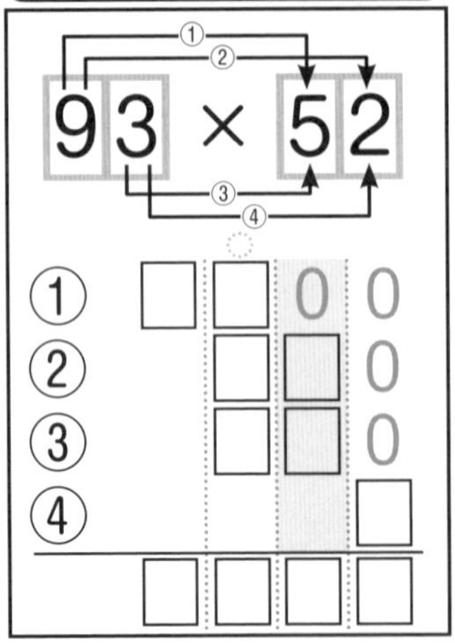

【問題 108】14×49

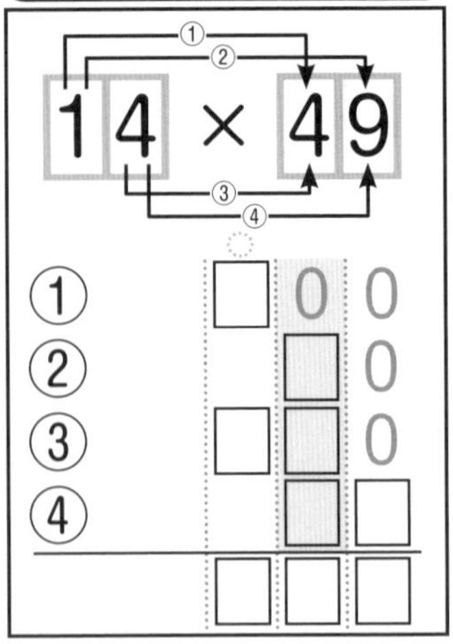

【問題 109】53×17

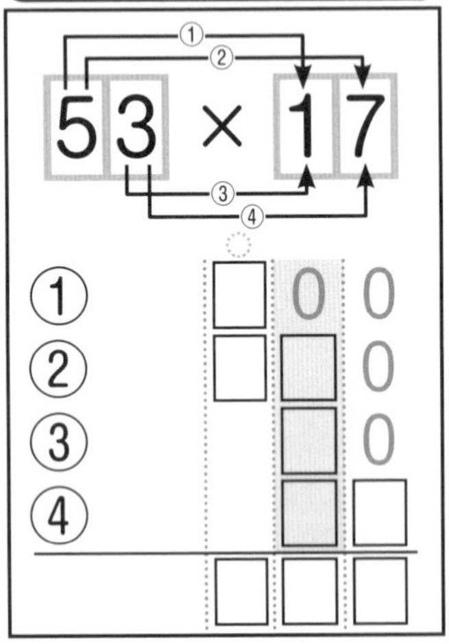

【問題 110】83×96

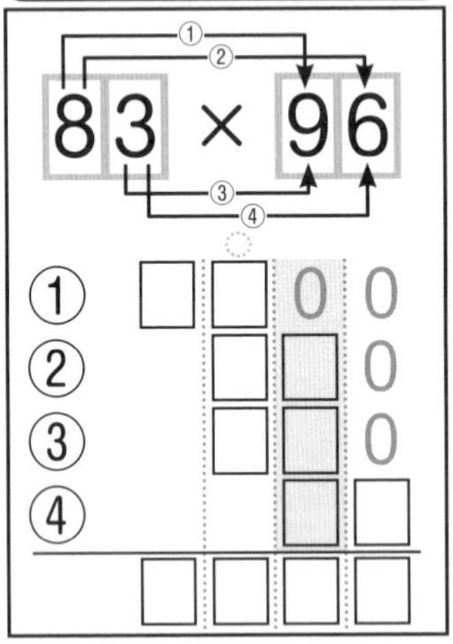

【問題 111】74×94

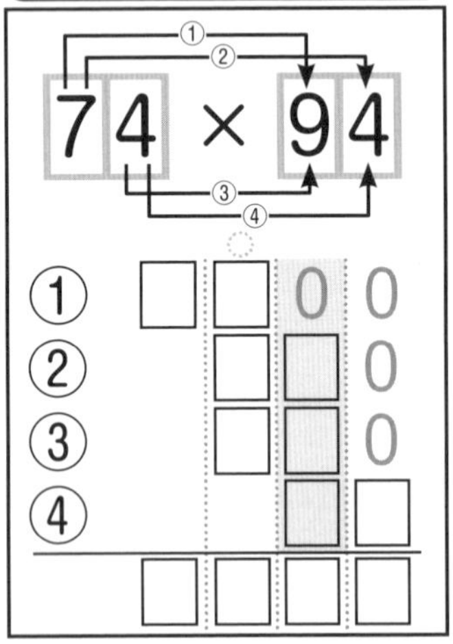

【問題 112】42×87

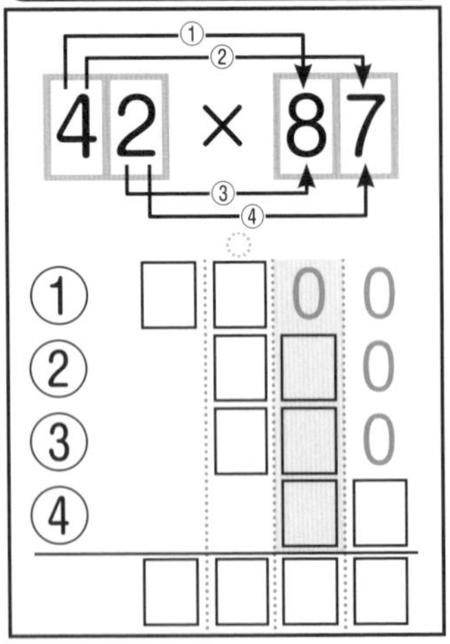

【問題 113】61×81

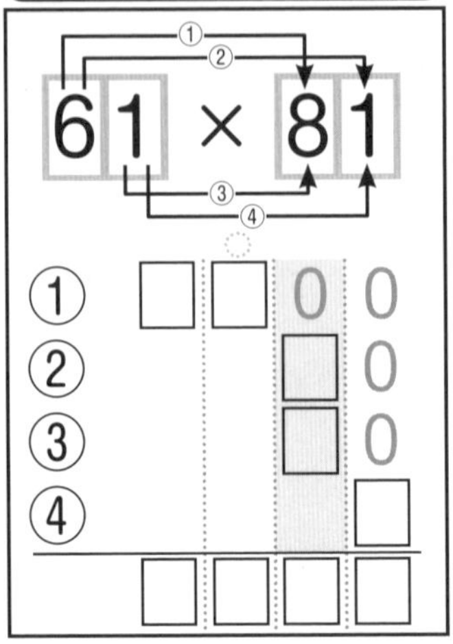

【問題 114】25×76

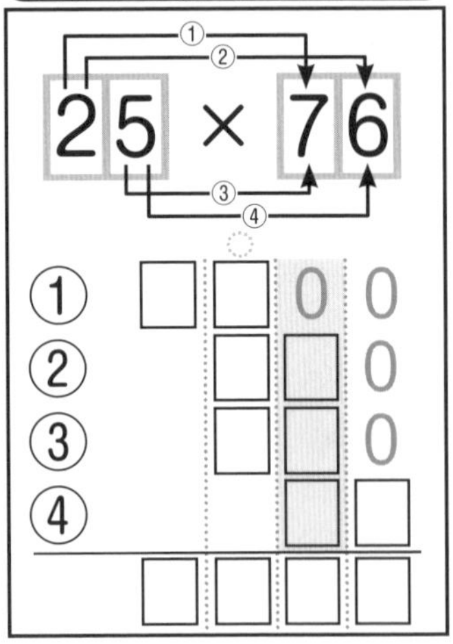

【解答】は 85 ページを参照してください。

【解答 97】27×54=1458

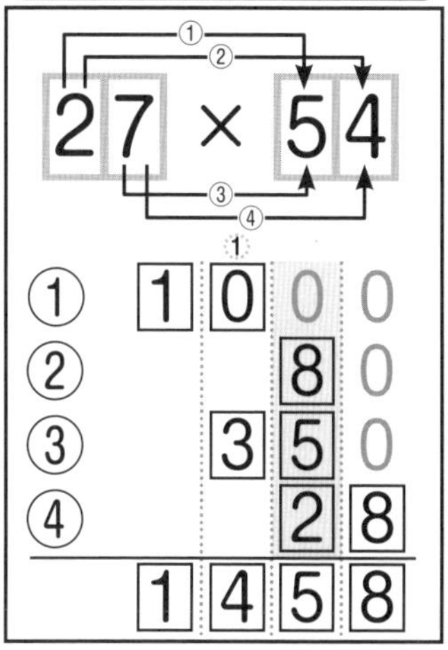

【解答 98】37×46=1702

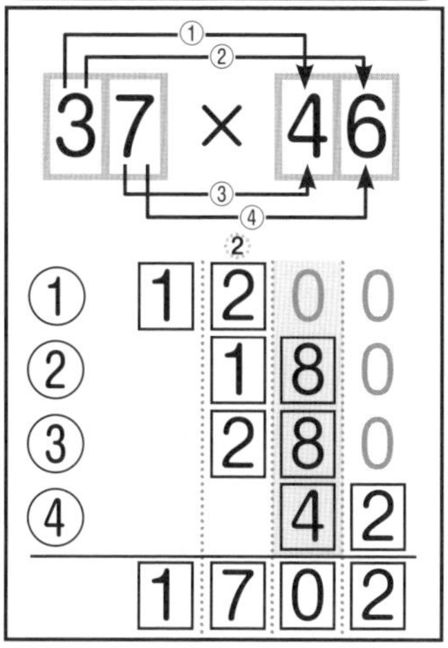

【解答 99】91×54=4914

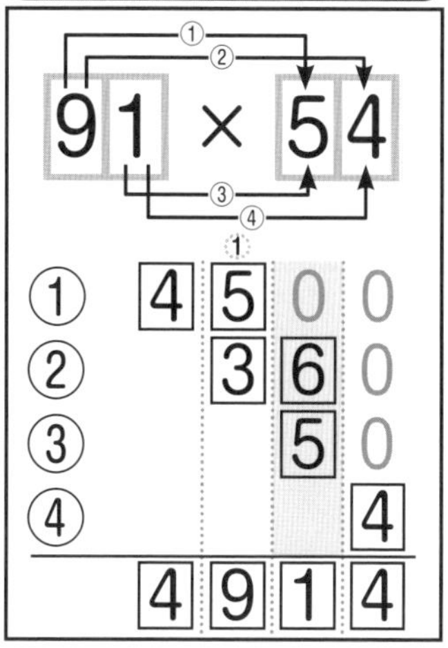

【解答 100】13×69=897

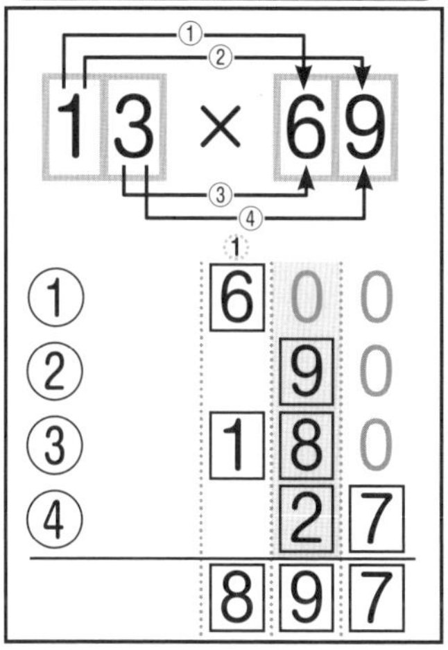

【解答 101】53×67=3551

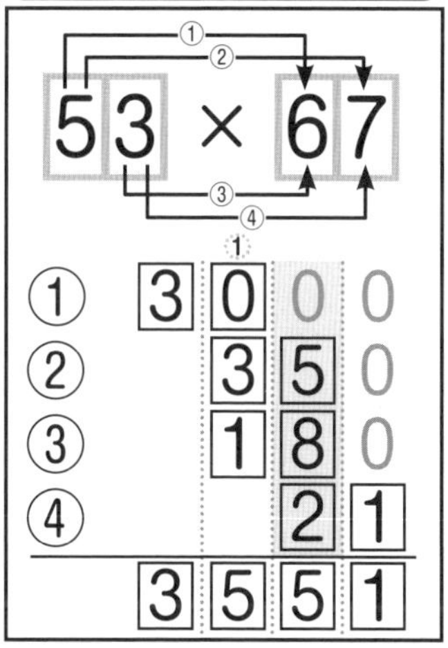

【解答 102】81×84=6804

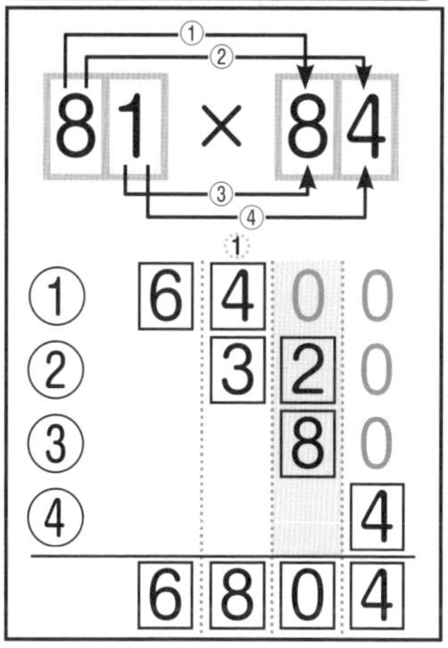

【解答 103】74×67=4958

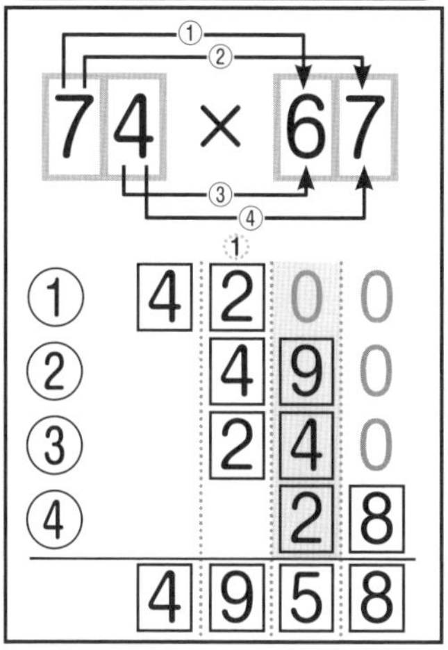

【解答 104】41×97=3977

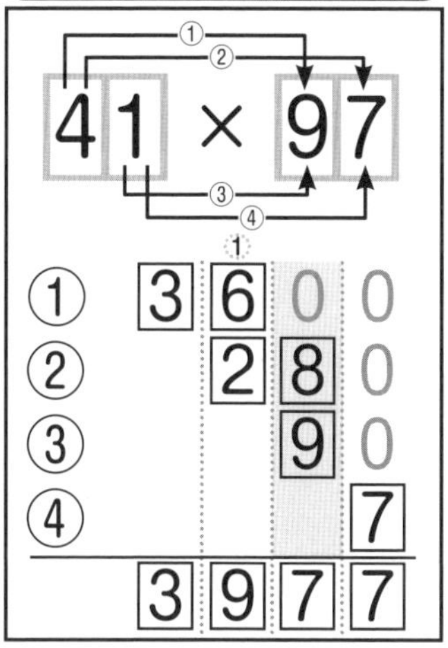

【解答 105】64×76=4864

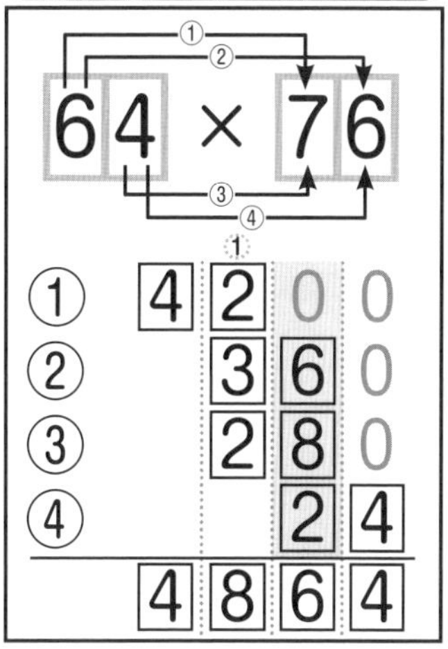

上記は 80 ページの【解答】です。

【問題 115】92×43

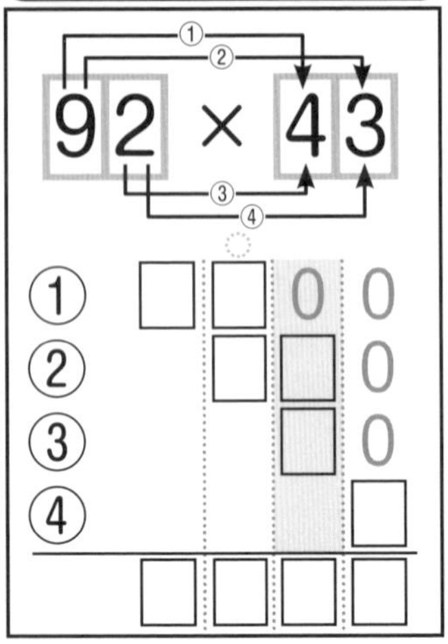

【問題 116】17×57

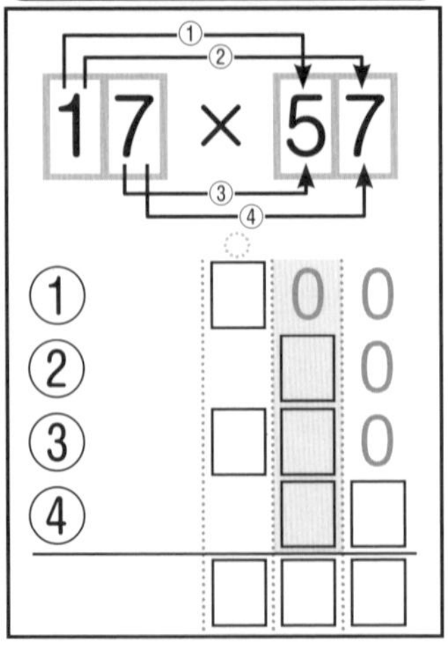

【問題 117】54×91

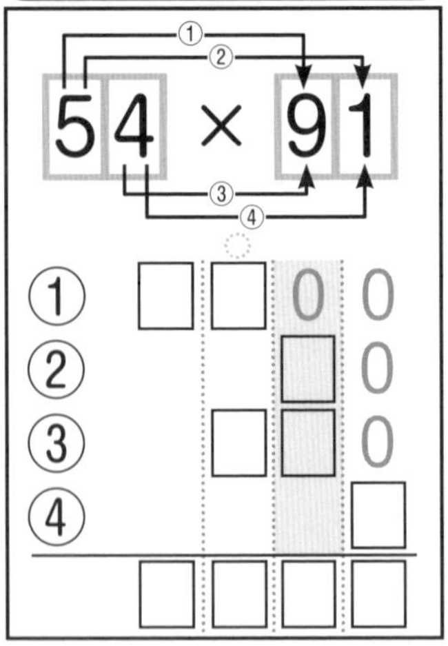

【問題 118】82×72

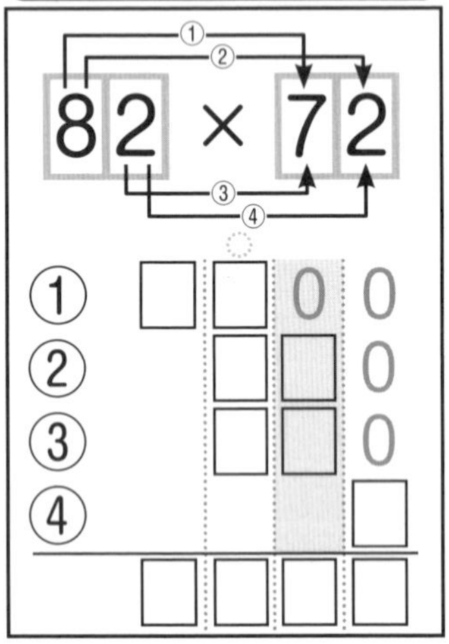

【問題 119】72×96

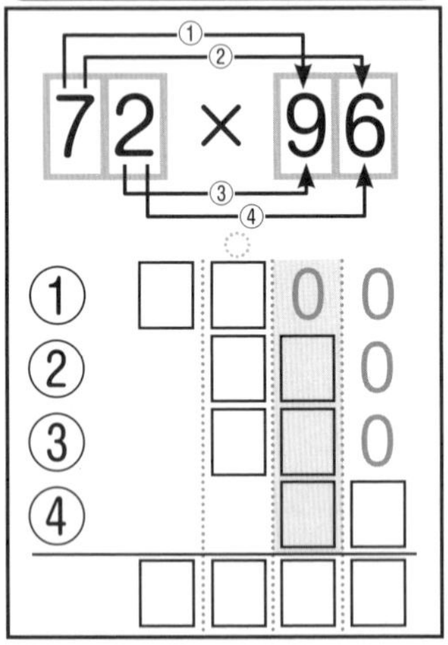

【問題 120】47×83

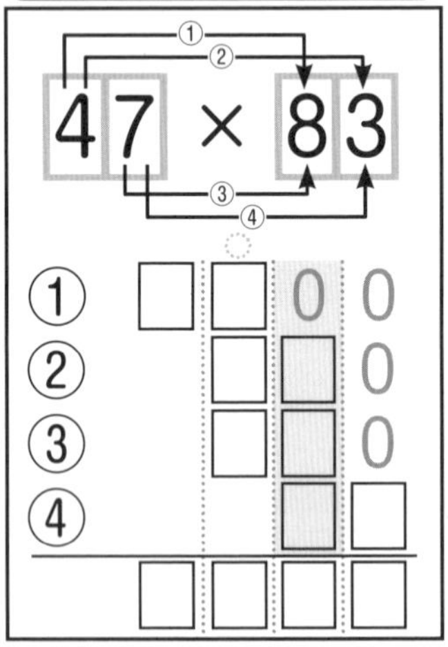

【問題 121】65×59

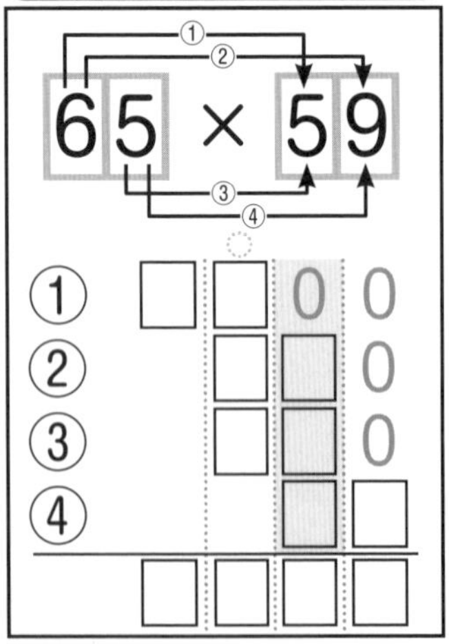

【問題 122】28×29

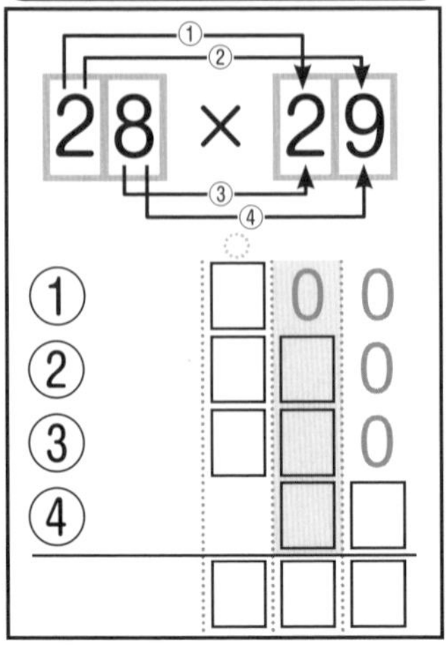

【問題 123】39×48

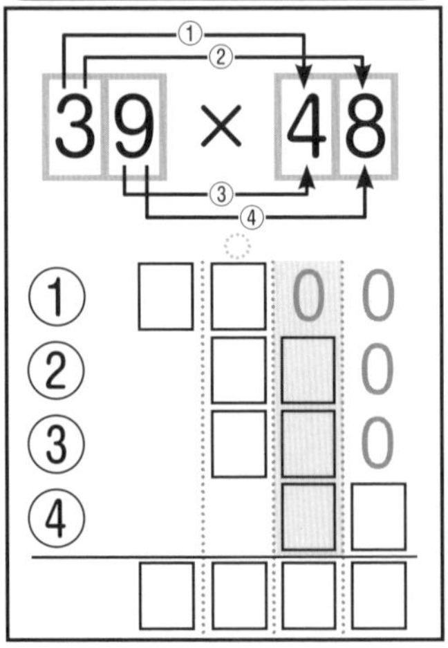

【解答】は 87 ページを参照してください。

【解答 106】37×79=2923

37 × 79

		2		
①	2	1	0	0
②		2	7	0
③		4	9	0
④			6	3
	2	9	2	3

【解答 107】93×52=4836

93 × 52

		1		
①	4	5	0	0
②		1	8	0
③		1	5	0
④				6
	4	8	3	6

【解答 108】14×49=686

14 × 49

	1		
①	4	0	0
②		9	0
③	1	6	0
④		3	6
	6	8	6

【解答 109】53×17=901

53 × 17

	1		
①	5	0	0
②	3	5	0
③		3	0
④		2	1
	9	0	1

【解答 110】83×96=7968

83 × 96

		1		
①	7	2	0	0
②		4	8	0
③		2	7	0
④			1	8
	7	9	6	8

【解答 111】74×94=6956

74 × 94

		1		
①	6	3	0	0
②		2	8	0
③		3	6	0
④			1	6
	6	9	5	6

【解答 112】42×87=3654

42 × 87

		1		
①	3	2	0	0
②		2	8	0
③		1	6	0
④			1	4
	3	6	5	4

【解答 113】61×81=4941

61 × 81

		1		
①	4	8	0	0
②			6	0
③			8	0
④				1
	4	9	4	1

【解答 114】25×76=1900

25 × 76

		1		
①	1	4	0	0
②		1	2	0
③		3	5	0
④			3	0
	1	9	0	0

上記は 82 ページの【解答】です。

【問題 124】18×61

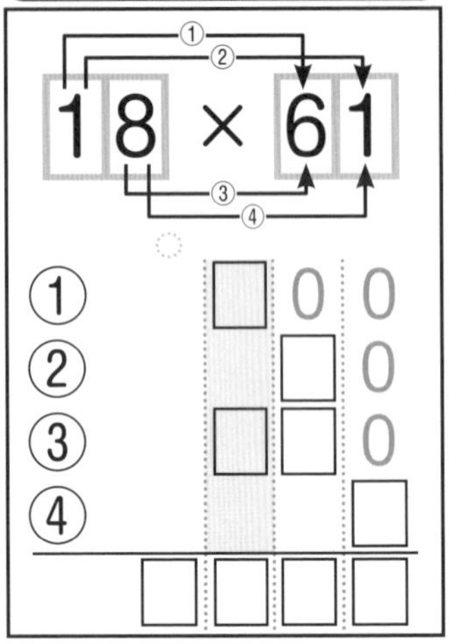

【問題 125】57×36

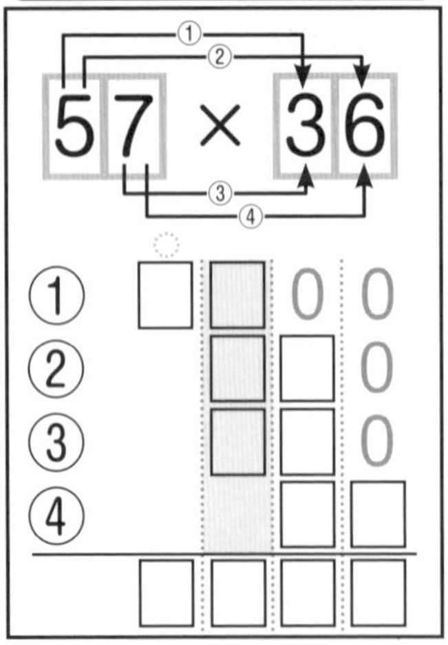

【問題 126】84×13

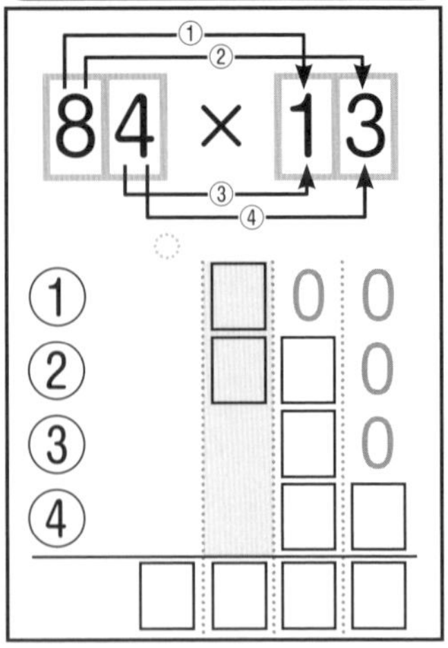

【問題 127】75×45

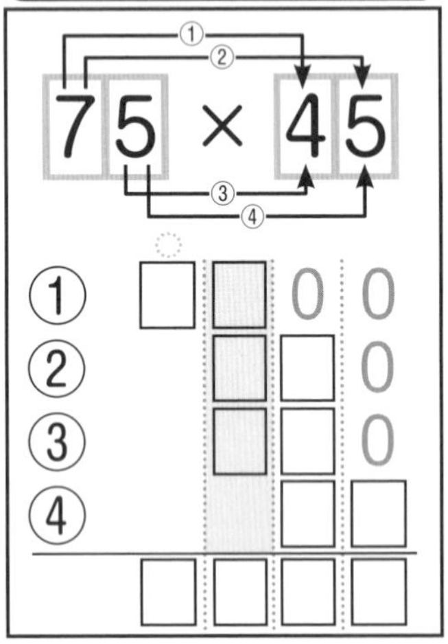

【問題 128】46×73

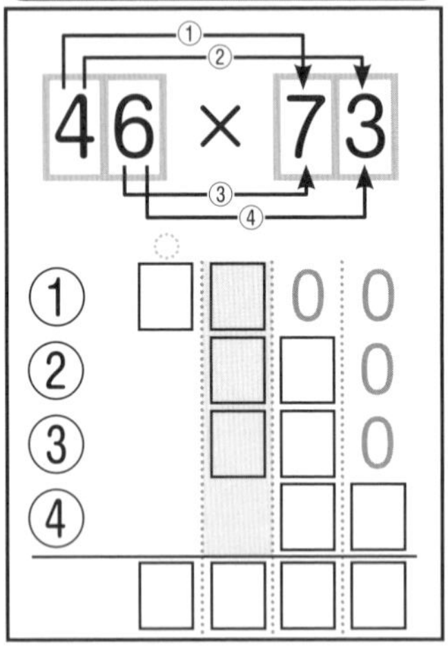

【問題 129】69×82

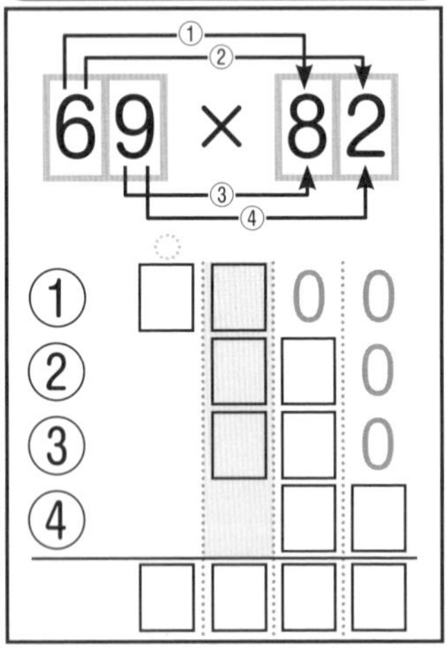

【問題 130】26×46

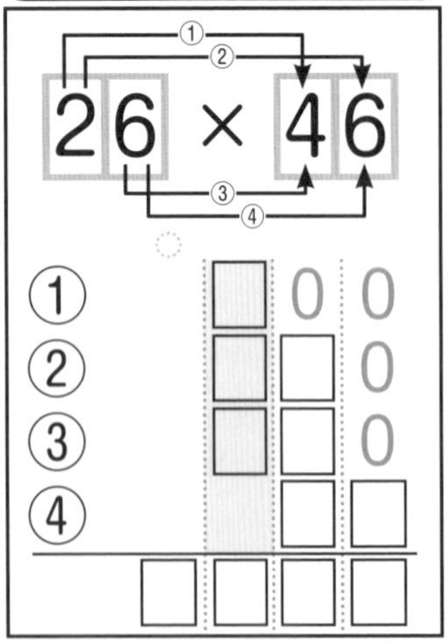

【問題 131】36×94

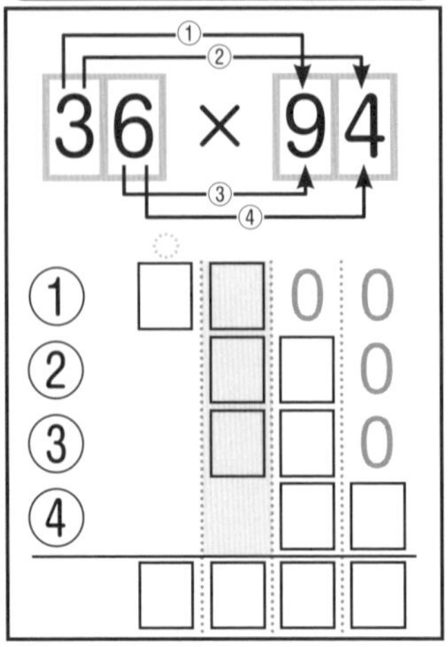

【問題 132】93×19

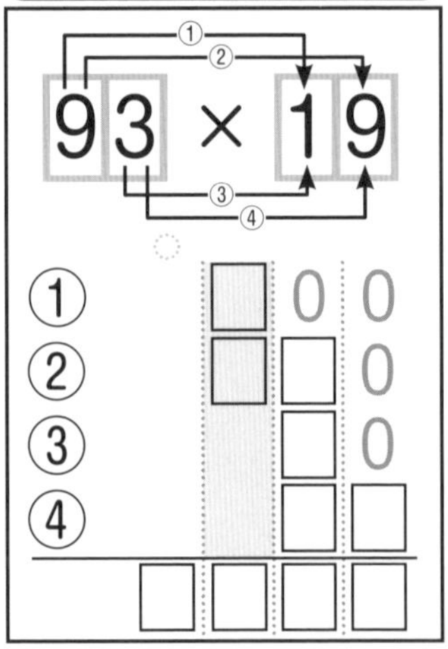

【解答】は 89 ページを参照してください。

【解答 115】92×43=3956

92 × 43

		1		
①	3	6	0	0
②		2	7	0
③			8	0
④				6
	3	9	5	6

【解答 116】17×57=969

17 × 57

		1		
①		5	0	0
②			7	0
③		3	5	0
④			4	9
		9	6	9

【解答 117】54×91=4914

54 × 91

		1		
①	4	5	0	0
②			5	0
③		3	6	0
④				4
	4	9	1	4

【解答 118】82×72=5904

82 × 72

		1		
①	5	6	0	0
②		1	6	0
③		1	4	0
④				4
	5	9	0	4

【解答 119】72×96=6912

72 × 96

		1		
①	6	3	0	0
②		4	2	0
③		1	8	0
④			1	2
	6	9	1	2

【解答 120】47×83=3901

47 × 83

		1		
①	3	2	0	0
②		1	2	0
③		5	6	0
④			2	1
	3	9	0	1

【解答 121】65×59=3835

65 × 59

		1		
①	3	0	0	0
②		5	4	0
③		2	5	0
④			4	5
	3	8	3	5

【解答 122】28×29=812

28 × 29

		2		
①		4	0	0
②		1	8	0
③		1	6	0
④			7	2
		8	1	2

【解答 123】39×48=1872

39 × 48

		1		
①	1	2	0	0
②		2	4	0
③		3	6	0
④			7	2
	1	8	7	2

上記は84ページの【解答】です。

【問題133】59×86

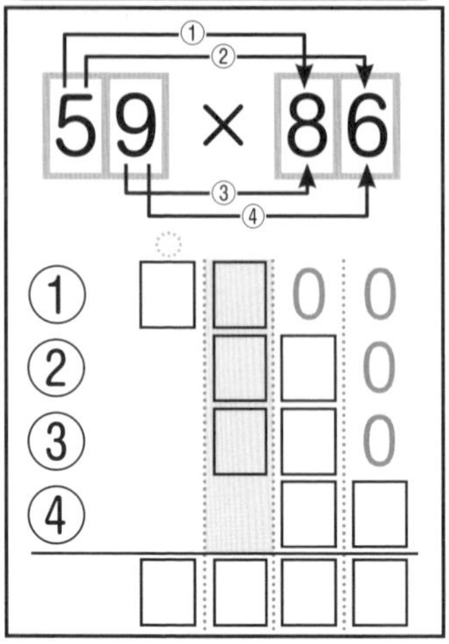

【問題134】89×93

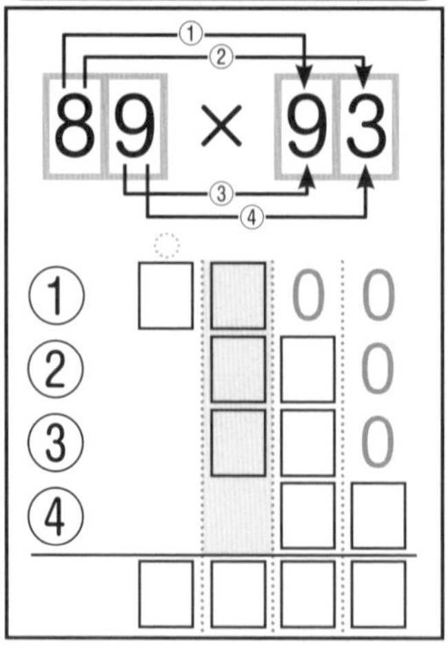

【問題135】78×46

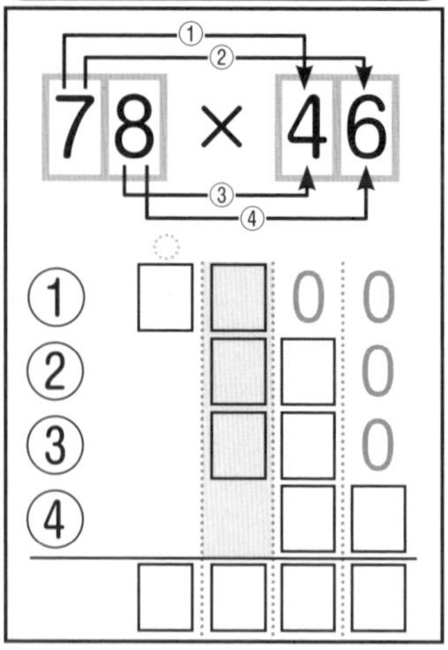

【問題136】46×95

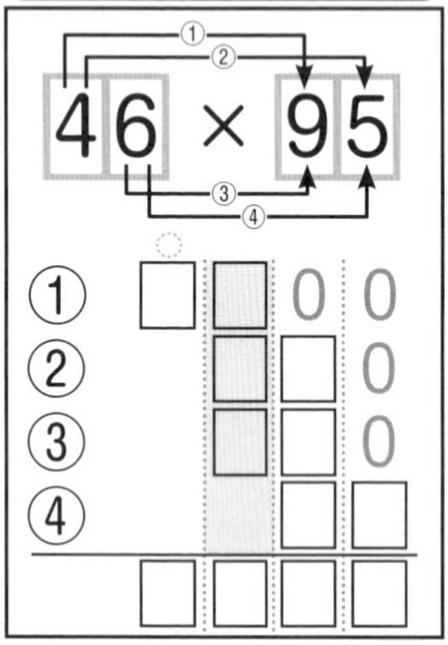

【問題137】64×34

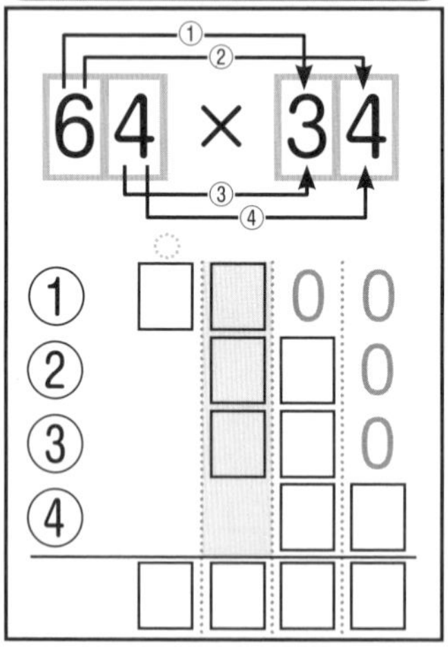

【問題138】29×41

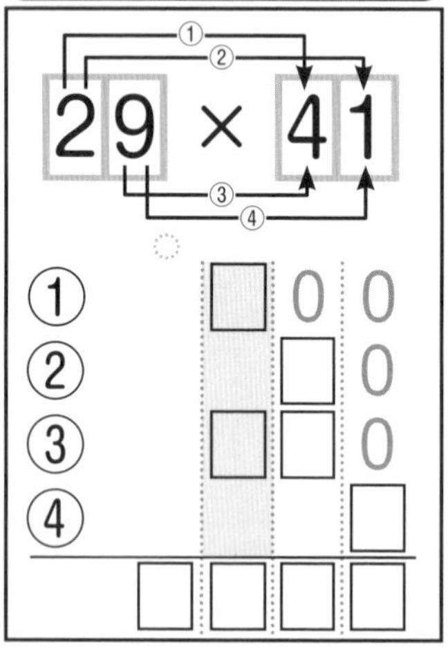

【問題139】38×81

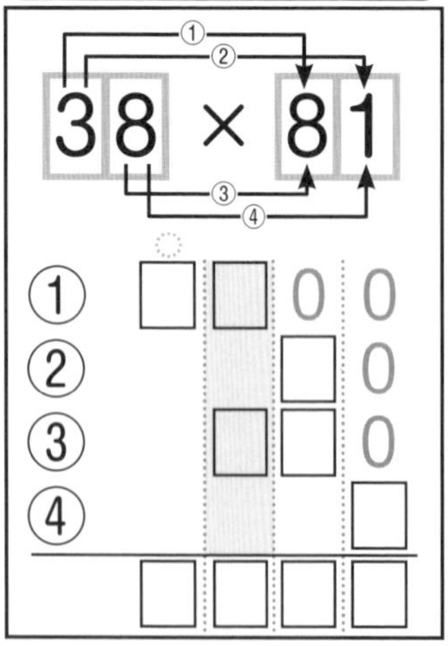

【問題140】95×24

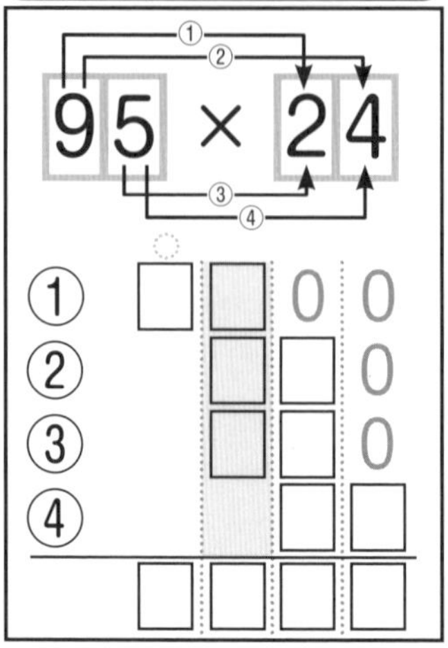

【問題141】18×94

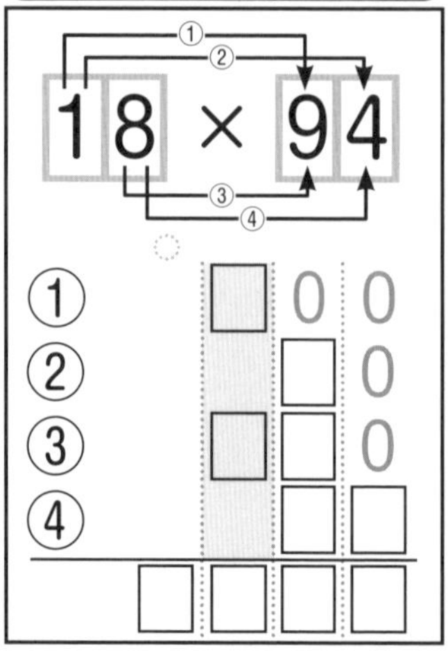

【解答】は91ページを参照してください。

【解答 124】18×61=1098

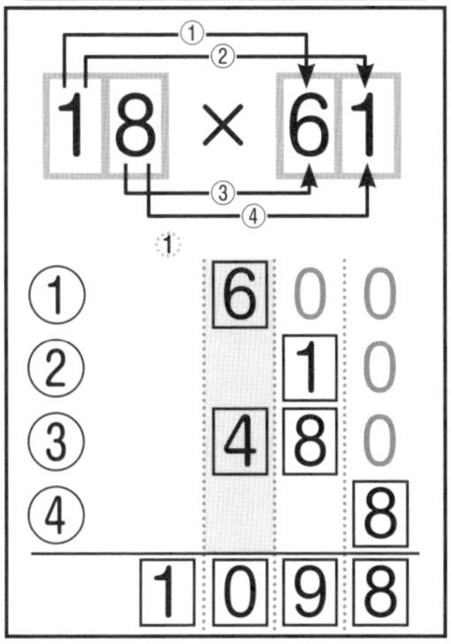
18 × 61
① 600
② 10
③ 480
④ 8
1098

【解答 125】57×36=2052

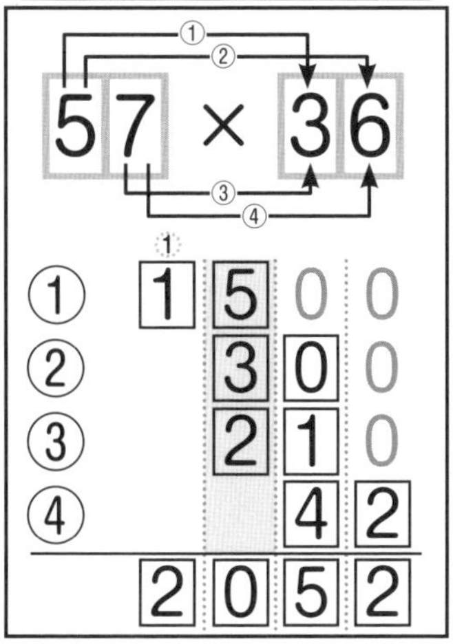
57 × 36
① 1500
② 300
③ 210
④ 42
2052

【解答 126】84×13=1092

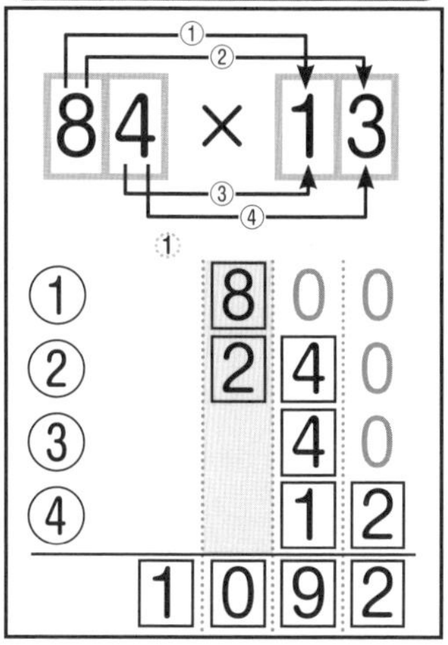
84 × 13
① 800
② 240
③ 40
④ 12
1092

【解答 127】75×45=3375

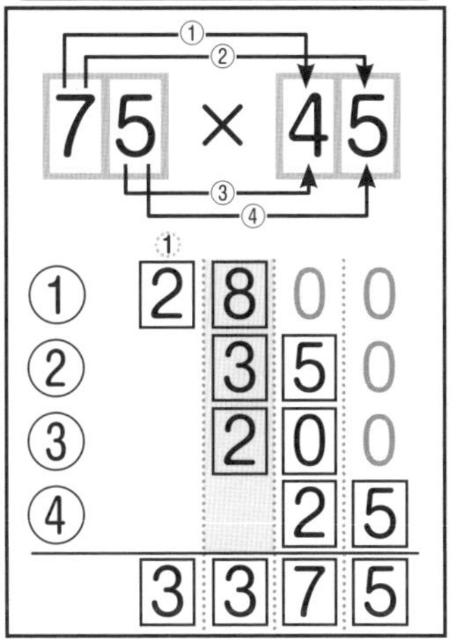
75 × 45
① 2800
② 350
③ 200
④ 25
3375

【解答 128】46×73=3358

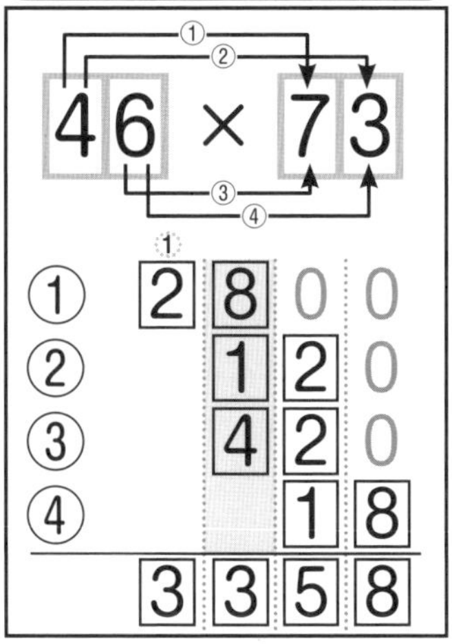
46 × 73
① 2800
② 120
③ 420
④ 18
3358

【解答 129】69×82=5658

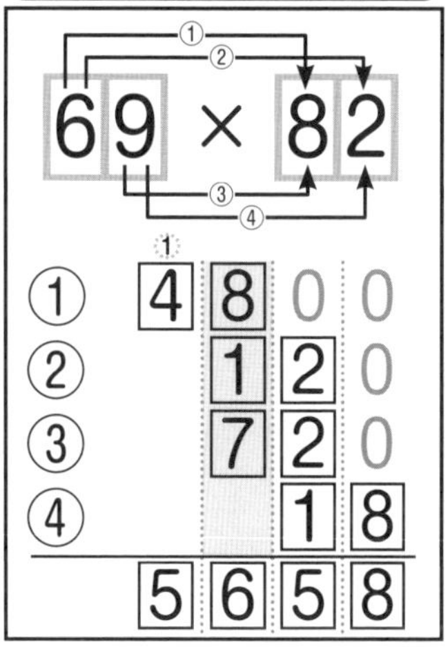
69 × 82
① 4800
② 120
③ 720
④ 18
5658

【解答 130】26×46=1196

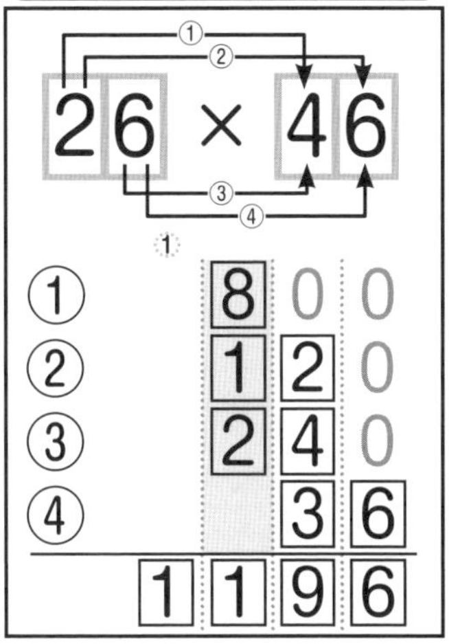
26 × 46
① 800
② 120
③ 240
④ 36
1196

【解答 131】36×94=3384

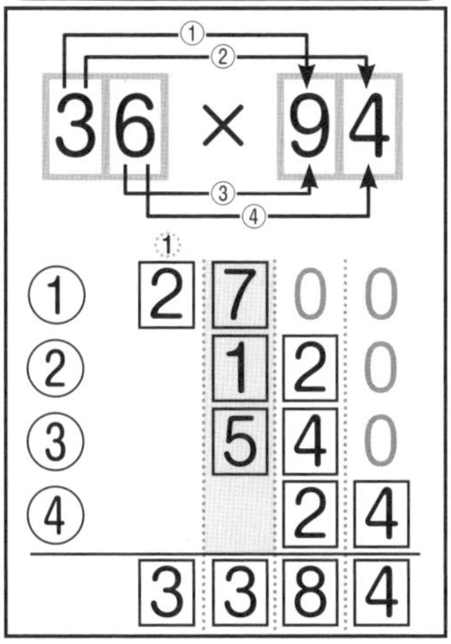
36 × 94
① 2700
② 120
③ 540
④ 24
3384

【解答 132】93×19=1767

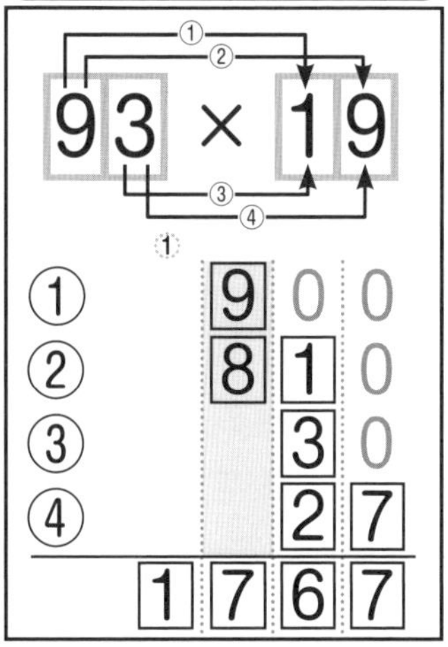
93 × 19
① 900
② 810
③ 30
④ 27
1767

上記は 86 ページの【解答】です。

【問題 142】82×39

【問題 143】76×56

【問題 144】47×23

【問題 145】69×62

【問題 146】25×95

【問題 147】37×37

【問題 148】97×69

【問題 149】18×71

【問題 150】54×94

【解答】は 93 ページを参照してください。

【解答133】59×86=5074

59 × 86

①	4	0	0	0
②		3	0	0
③		7	2	0
④			5	4
	5	0	7	4

【解答134】89×93=8277

89 × 93

①	7	2	0	0
②		2	4	0
③		8	1	0
④			2	7
	8	2	7	7

【解答135】78×46=3588

78 × 46

①	2	8	0	0
②		4	2	0
③		3	2	0
④			4	8
	3	5	8	8

【解答136】46×95=4370

46 × 95

①	3	6	0	0
②		2	0	0
③		5	4	0
④			3	0
	4	3	7	0

【解答137】64×34=2176

64 × 34

①	1	8	0	0
②		2	4	0
③		1	2	0
④			1	6
	2	1	7	6

【解答138】29×41=1189

29 × 41

①		8	0	0
②			2	0
③		3	6	0
④				9
	1	1	8	9

【解答139】38×81=3078

38 × 81

①	2	4	0	0
②			3	0
③		6	4	0
④				8
	3	0	7	8

【解答140】95×24=2280

95 × 24

①	1	8	0	0
②		3	6	0
③		1	0	0
④			2	0
	2	2	8	0

【解答141】18×94=1692

18 × 94

①		9	0	0
②			4	0
③		7	2	0
④			3	2
	1	6	9	2

上記は88ページの【解答】です。

【問題 151】74×78

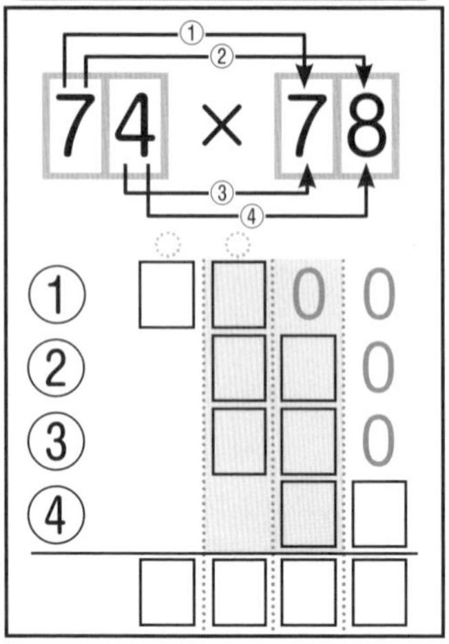

【問題 152】49×23

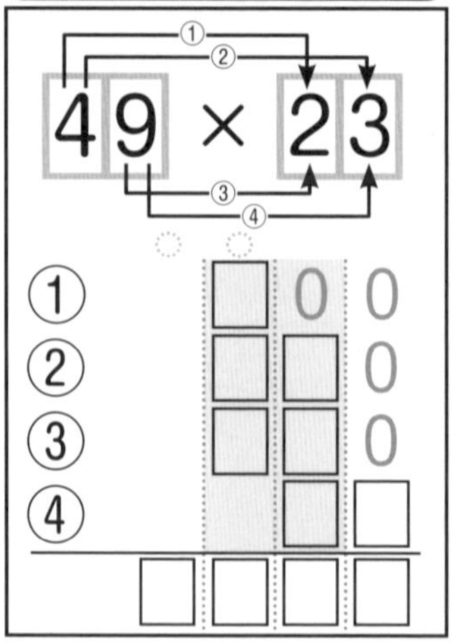

【問題 153】65×38

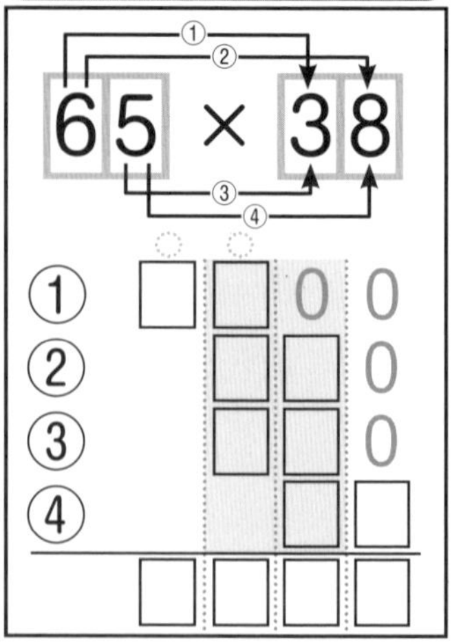

【問題 154】24×84

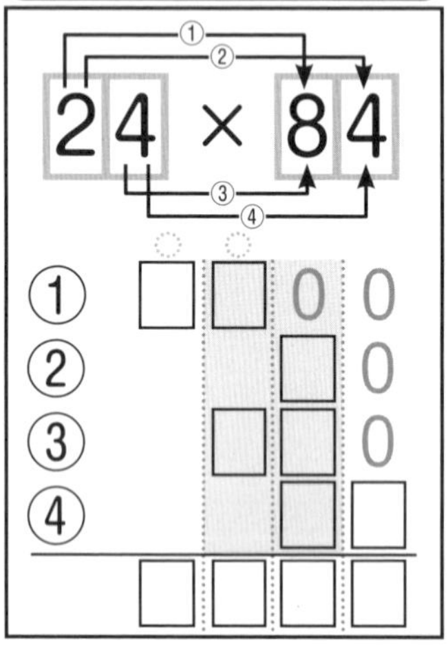

【問題 155】38×29

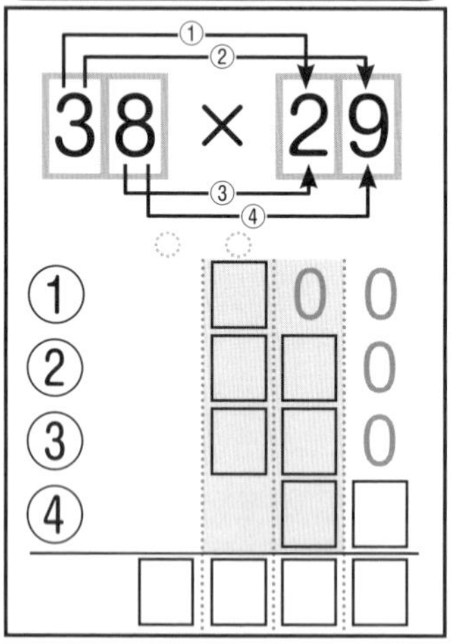

【問題 156】94×97

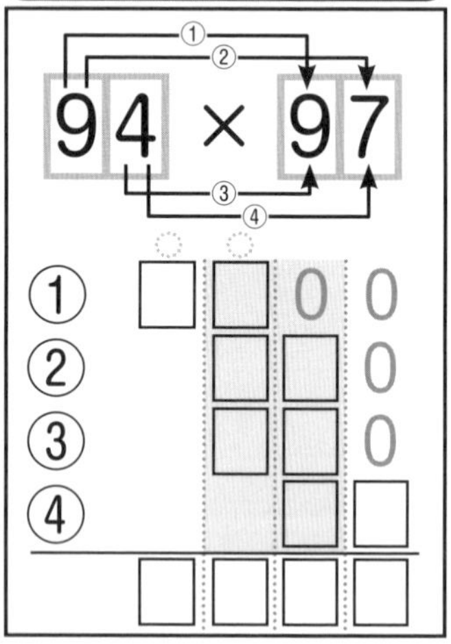

【問題 157】16×89

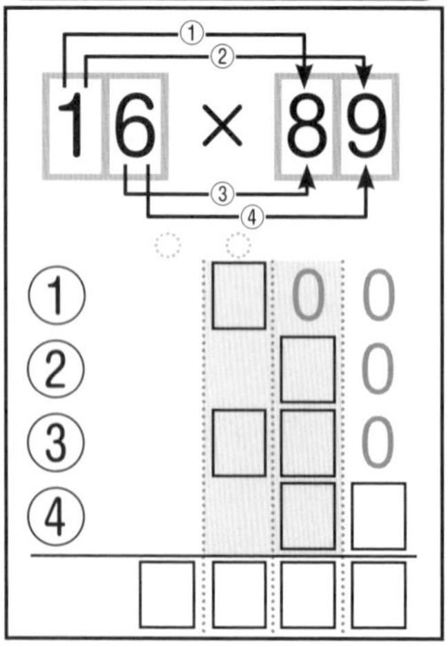

【問題 158】57×53

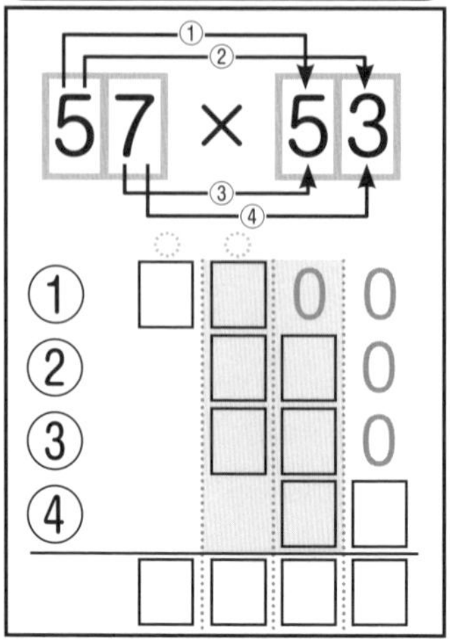

【問題 159】86×47

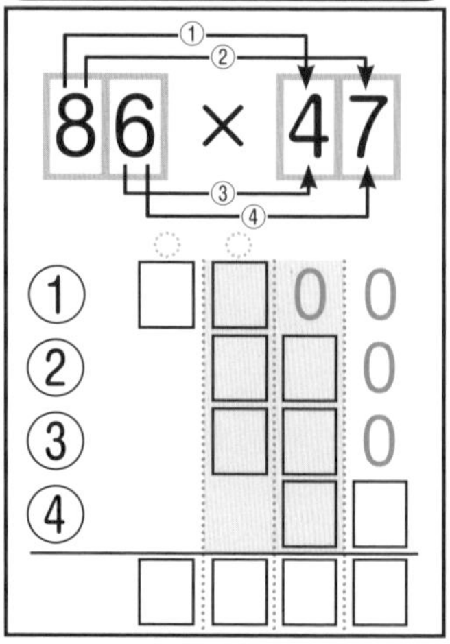

【解答】は95ページを参照してください。

【解答 142】82×39=3198

82 × 39

	1			
①	2	4	0	0
②		7	2	0
③			6	0
④			1	8
	3	1	9	8

【解答 143】76×56=4256

76 × 56

	1			
①	3	5	0	0
②		4	2	0
③		3	0	0
④			3	6
	4	2	5	6

【解答 144】47×23=1081

47 × 23

	1			
①		8	0	0
②		1	2	0
③		1	4	0
④			2	1
	1	0	8	1

【解答 145】69×62=4278

69 × 62

	1			
①	3	6	0	0
②		1	2	0
③		5	4	0
④			1	8
	4	2	7	8

【解答 146】25×95=2375

25 × 95

	1			
①	1	8	0	0
②		1	0	0
③		4	5	0
④			2	5
	2	3	7	5

【解答 147】37×37=1369

37 × 37

	1			
①		9	0	0
②		2	1	0
③		2	1	0
④			4	9
	1	3	6	9

【解答 148】97×69=6693

97 × 69

	1			
①	5	4	0	0
②		8	1	0
③		4	2	0
④			6	3
	6	6	9	3

【解答 149】18×71=1278

18 × 71

	1			
①		7	0	0
②			1	0
③		5	6	0
④				8
	1	2	7	8

【解答 150】54×94=5076

54 × 94

	1			
①	4	5	0	0
②		2	0	0
③		3	6	0
④			1	6
	5	0	7	6

上記は90ページの【解答】です。

【問題160】48×21

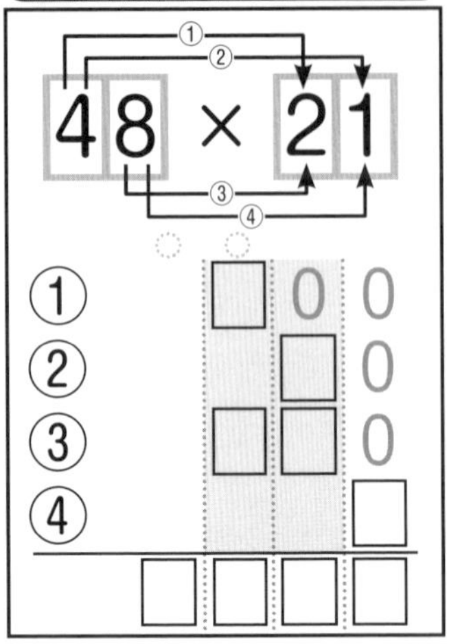

【問題161】63×16

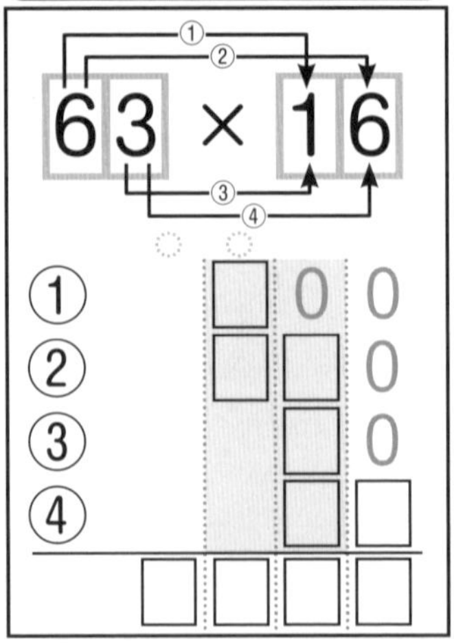

【問題162】27×38

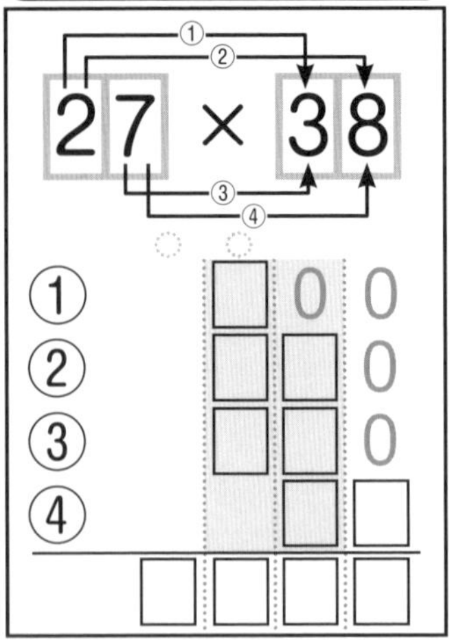

【問題163】38×69

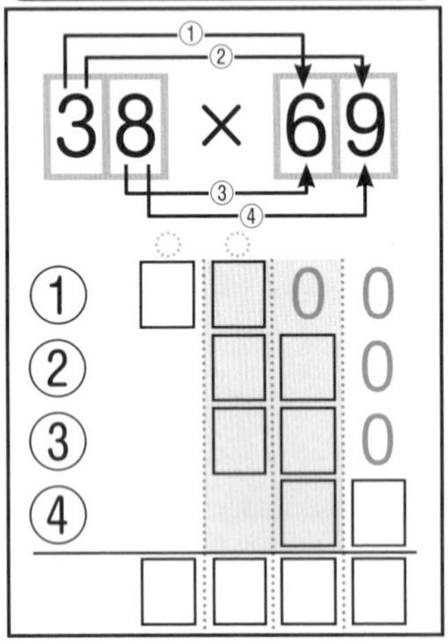

【問題164】94×76

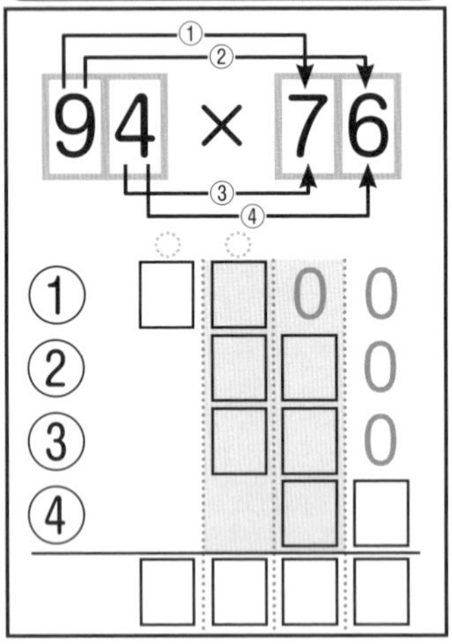

【問題165】18×89

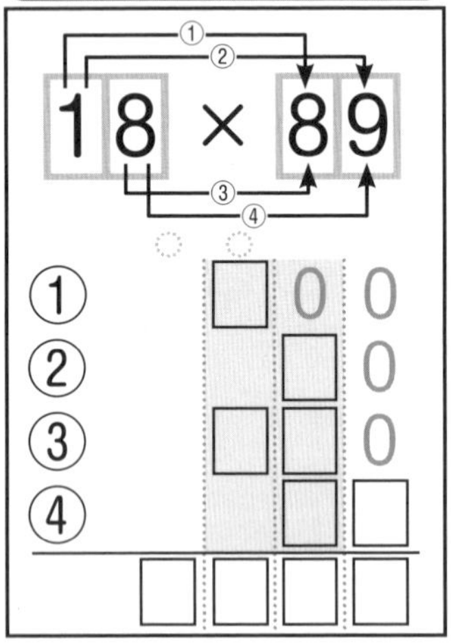

【問題166】58×69

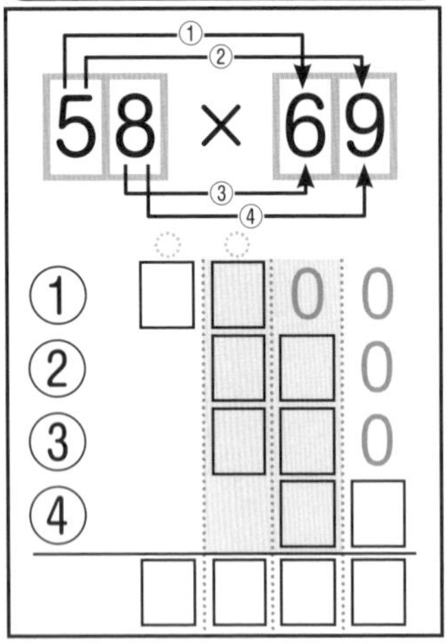

【問題167】86×63

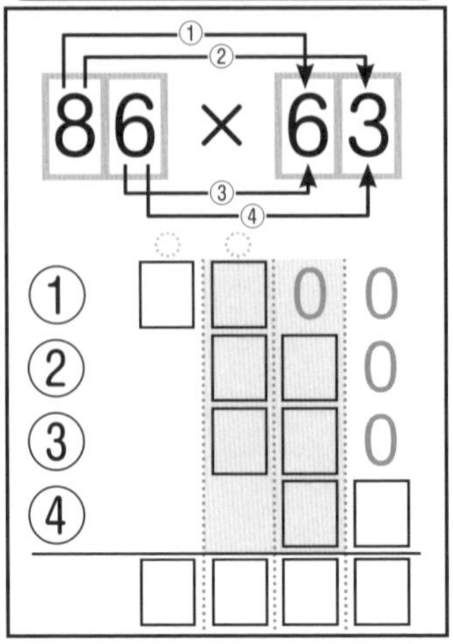

【問題168】74×14

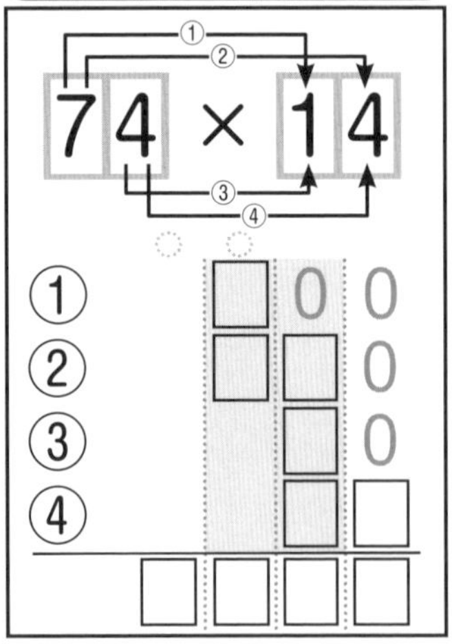

【解答】は97ページを参照してください。

【解答 151】74×78=5772

74 × 78

	千	百	十	一
くり上がり	1	1		
①	4	9	0	0
②		5	6	0
③		2	8	0
④			3	2
	5	7	7	2

【解答 152】49×23=1127

49 × 23

	千	百	十	一
くり上がり	1	1		
①		8	0	0
②		1	2	0
③		1	8	0
④			2	7
	1	1	2	7

【解答 153】65×38=2470

65 × 38

	千	百	十	一
くり上がり	1	1		
①	1	8	0	0
②		4	8	0
③		1	5	0
④			4	0
	2	4	7	0

【解答 154】24×84=2016

24 × 84

	千	百	十	一
くり上がり	1	1		
①	1	6	0	0
②			8	0
③		3	2	0
④			1	6
	2	0	1	6

【解答 155】38×29=1102

38 × 29

	千	百	十	一
くり上がり	1	2		
①		6	0	0
②		2	7	0
③		1	6	0
④			7	2
	1	1	0	2

【解答 156】94×97=9118

94 × 97

	千	百	十	一
くり上がり	1	1		
①	8	1	0	0
②		6	3	0
③		3	6	0
④			2	8
	9	1	1	8

【解答 157】16×89=1424

16 × 89

	千	百	十	一
くり上がり	1	2		
①		8	0	0
②			9	0
③		4	8	0
④			5	4
	1	4	2	4

【解答 158】57×53=3021

57 × 53

	千	百	十	一
くり上がり	1	1		
①	2	5	0	0
②		1	5	0
③		3	5	0
④			2	1
	3	0	2	1

【解答 159】86×47=4042

86 × 47

	千	百	十	一
くり上がり	1	1		
①	3	2	0	0
②		5	6	0
③		2	4	0
④			4	2
	4	0	4	2

上記は 92 ページの【解答】です。

【問題 169】64×63

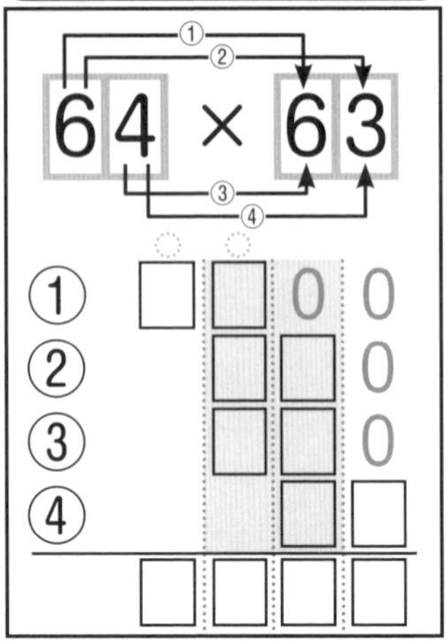

【問題 170】26×43

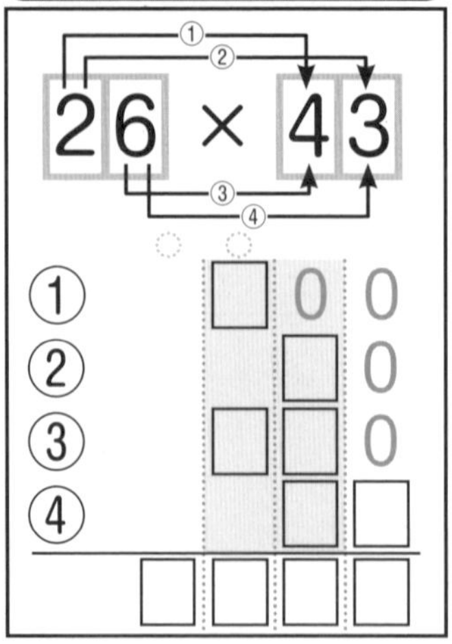

【問題 171】39×29

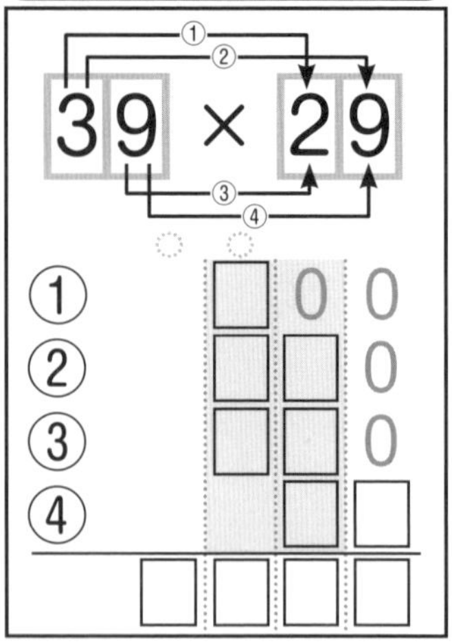

【問題 172】97×32

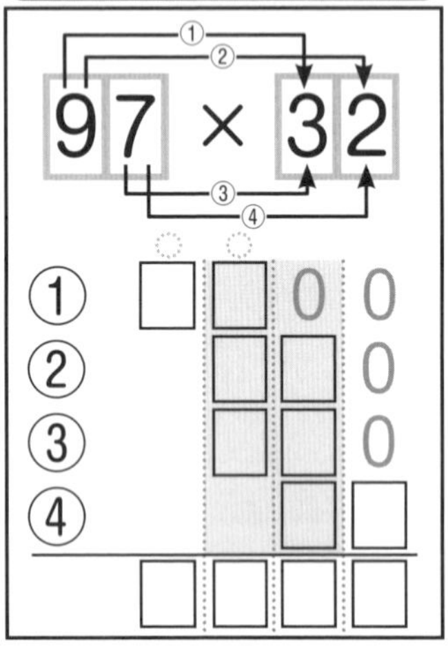

【問題 173】16×67

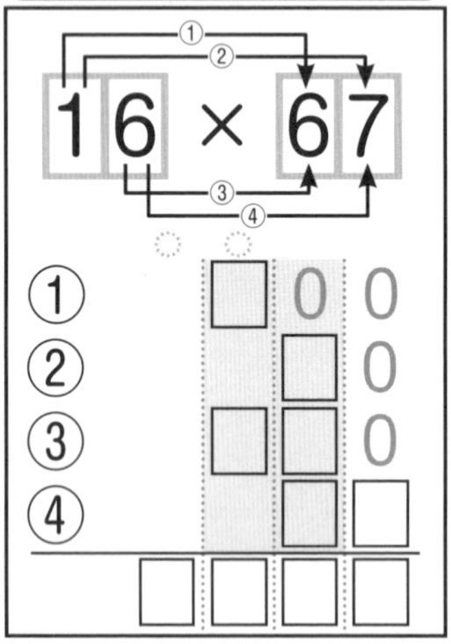

【問題 174】52×97

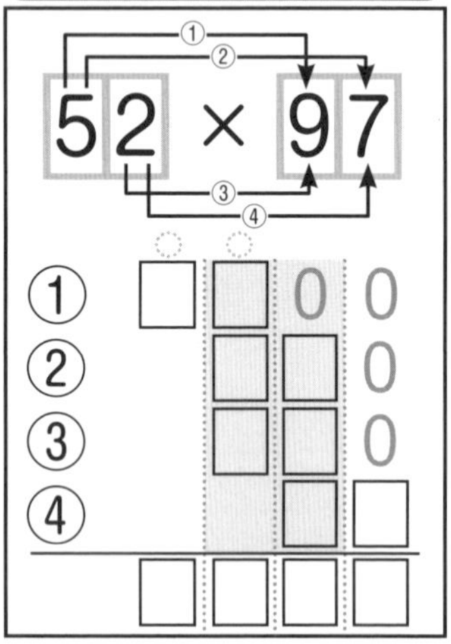

【問題 175】87×81

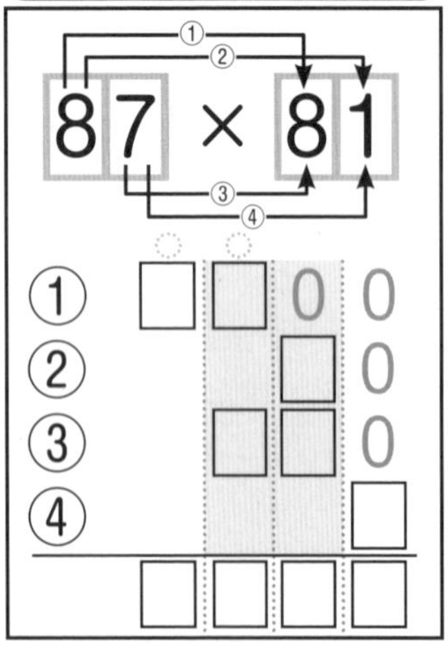

【問題 176】78×27

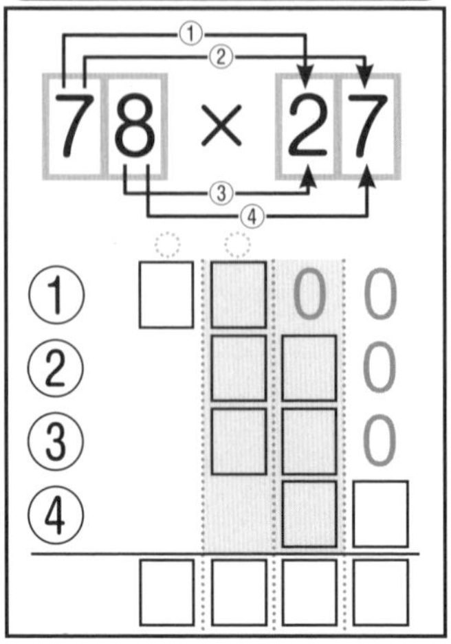

【問題 177】43×24

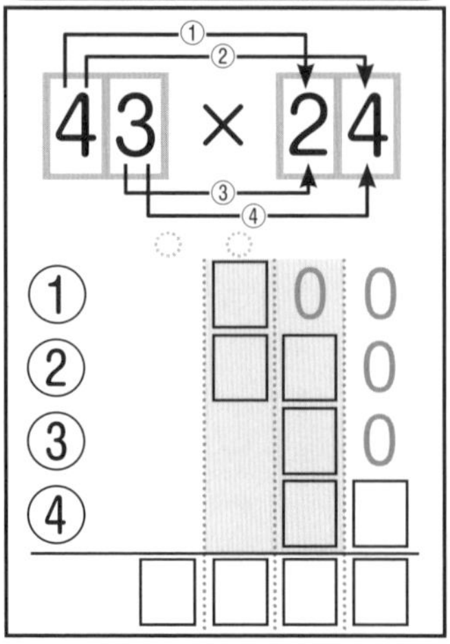

【解答】は 99 ページを参照してください。

【解答 160】48×21=1008

48 × 21

	1	1		
①		8	0	0
②			4	0
③		1	6	0
④				8
	1	0	0	8

【解答 161】63×16=1008

63 × 16

	1	1		
①		6	0	0
②		3	6	0
③			3	0
④			1	8
	1	0	0	8

【解答 162】27×38=1026

27 × 38

	1	1		
①		6	0	0
②		1	6	0
③		2	1	0
④			5	6
	1	0	2	6

【解答 163】38×69=2622

38 × 69

	1	2		
①	1	8	0	0
②		2	7	0
③		4	8	0
④			7	2
	2	6	2	2

【解答 164】94×76=7144

94 × 76

	1	1		
①	6	3	0	0
②		5	4	0
③		2	8	0
④			2	4
	7	1	4	4

【解答 165】18×89=1602

18 × 89

	1	2		
①		8	0	0
②			9	0
③		6	4	0
④			7	2
	1	6	0	2

【解答 166】58×69=4002

58 × 69

	1	2		
①	3	0	0	0
②		4	5	0
③		4	8	0
④			7	2
	4	0	0	2

【解答 167】86×63=5418

86 × 63

	1	1		
①	4	8	0	0
②		2	4	0
③		3	6	0
④			1	8
	5	4	1	8

【解答 168】74×14=1036

74 × 14

	1	1		
①		7	0	0
②		2	8	0
③			4	0
④			1	6
	1	0	3	6

上記は 94 ページの【解答】です。

【問題】ページ

ここからは、マップ教育センターの授業で使用しているタテ・ヨコに数字が表記された「九九るマス計算シート」になります。くり上がりの指示がないので、注意して解いてください。

	76	45	28
63	63 × 76 ① 0 0 ② 0 ③ 0 ④	63 × 45 ① 0 0 ② 0 ③ 0 ④	63 × 28 ① 0 0 ② 0 ③ 0 ④
19	19 × 76 ① 0 0 ② 0 ③ 0 ④	19 × 45 ① 0 0 ② 0 ③ 0 ④	19 × 28 ① 0 0 ② 0 ③ 0 ④
74	74 × 76 ① 0 0 ② 0 ③ 0 ④	74 × 45 ① 0 0 ② 0 ③ 0 ④	74 × 28 ① 0 0 ② 0 ③ 0 ④

【解答】は 101 ページを参照してください。

【解答 169】64×63=4032

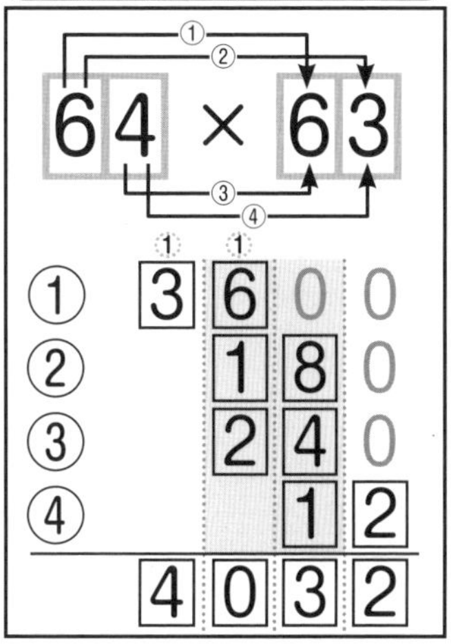
64 × 63
① 3600
② 180
③ 240
④ 12
4032

【解答 170】26×43=1118

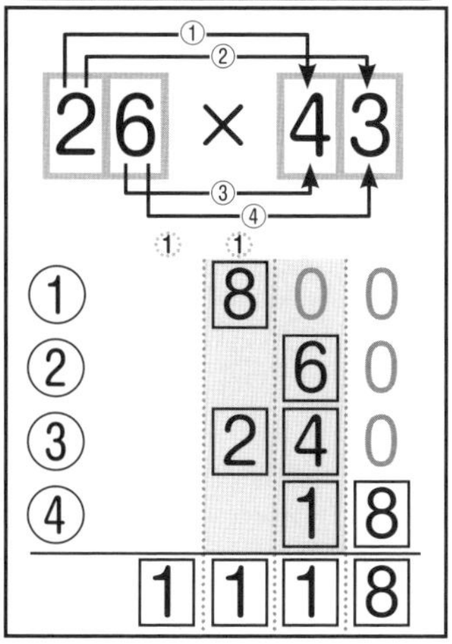
26 × 43
① 800
② 60
③ 240
④ 18
1118

【解答 171】39×29=1131

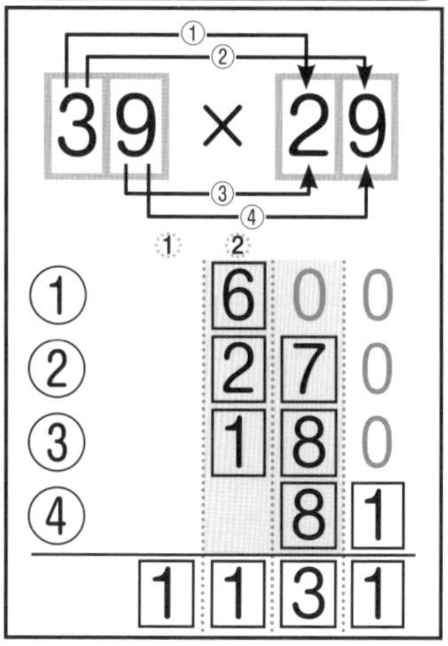
39 × 29
① 600
② 270
③ 180
④ 81
1131

【解答 172】97×32=3104

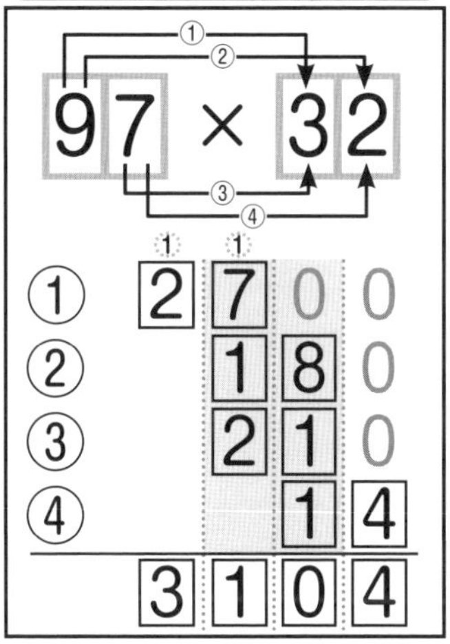
97 × 32
① 2700
② 180
③ 210
④ 14
3104

【解答 173】16×67=1072

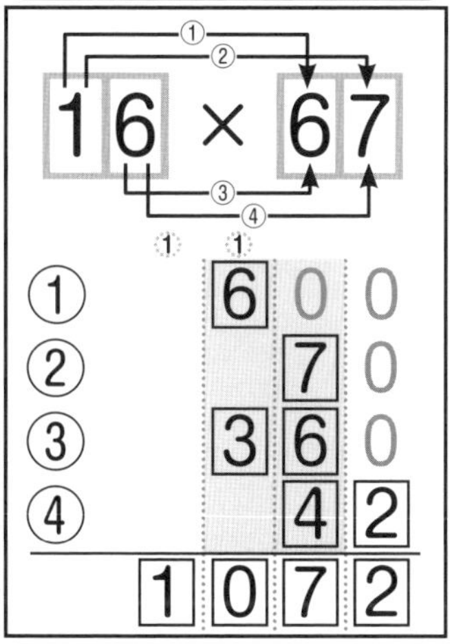
16 × 67
① 600
② 70
③ 360
④ 42
1072

【解答 174】52×97=5044

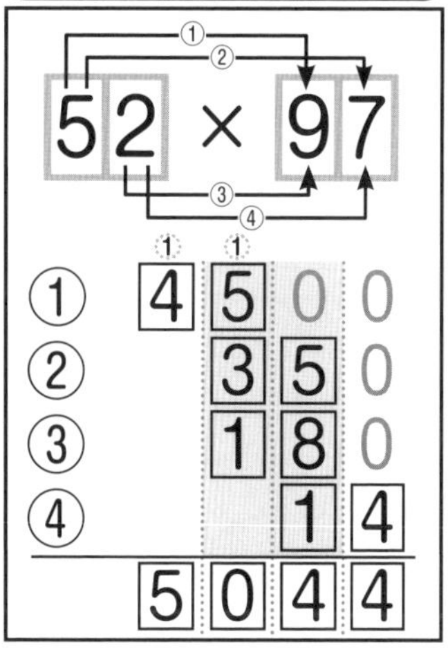
52 × 97
① 4500
② 350
③ 180
④ 14
5044

【解答 175】87×81=7047

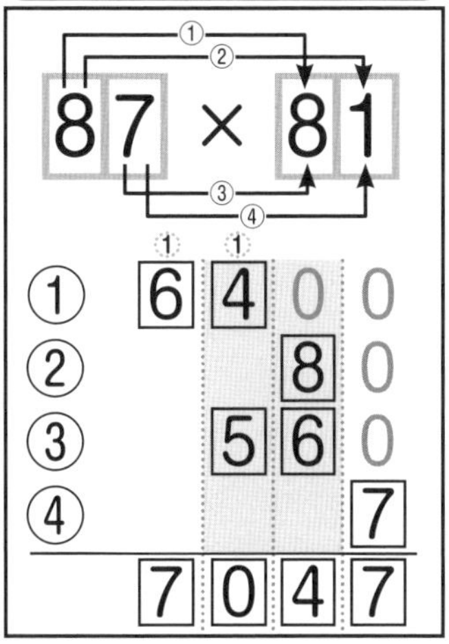
87 × 81
① 6400
② 80
③ 560
④ 7
7047

【解答 176】78×27=2106

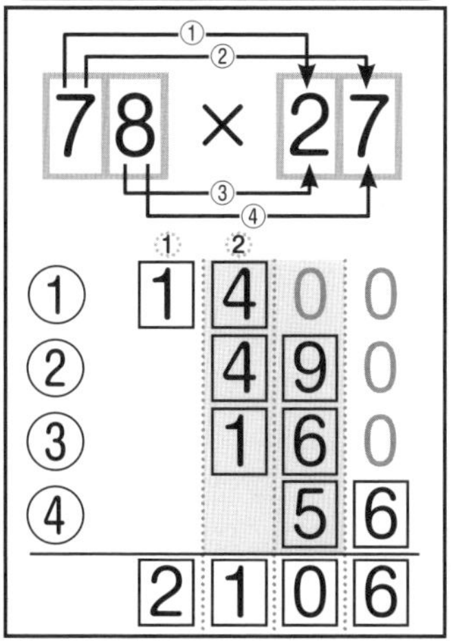
78 × 27
① 1400
② 490
③ 160
④ 56
2106

【解答 177】43×24=1032

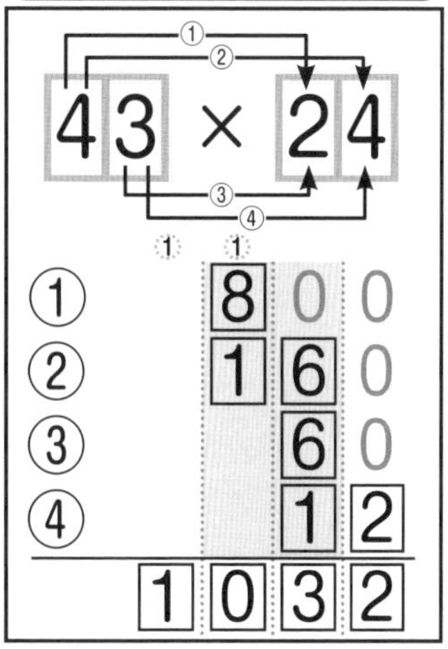
43 × 24
① 800
② 160
③ 60
④ 12
1032

上記は 96 ページの【解答】です。

【問題】ページ

ここからは、マップ教育センターの授業で使用しているタテ・ヨコに数字が表記された「九九るマス計算シート」です。くり上がりの指示がないので、注意して解いてください。

	93	76	84
85	85 × 93 ① 0 0 ② 0 ③ 0 ④	85 × 76 ① 0 0 ② 0 ③ 0 ④	85 × 84 ① 0 0 ② 0 ③ 0 ④
62	62 × 93 ① 0 0 ② 0 ③ 0 ④	62 × 76 ① 0 0 ② 0 ③ 0 ④	62 × 84 ① 0 0 ② 0 ③ 0 ④
41	41 × 93 ① 0 0 ② 0 ③ 0 ④	41 × 76 ① 0 0 ② 0 ③ 0 ④	41 × 84 ① 0 0 ② 0 ③ 0 ④

【解答】は103ページを参照してください。

【解答】ページ

保護者の方へのお願い。
お子さんの解答を見るさい、くり上がりができているか確認してください。解答には小さく、くり上がりの数を表記してあります。

	76	45	28
63	63 × 76 ① 4200 ② 360 ③ 210 ④ 18 4788	63 × 45 ① 2400 ② 300 ③ 120 ④ 15 2835	63 × 28 1 ① 1200 ② 480 ③ 60 ④ 24 1764
19	19 × 76 1 1 ① 700 ② 60 ③ 630 ④ 54 1444	19 × 45 1 ① 400 ② 50 ③ 360 ④ 45 855	19 × 28 2 ① 200 ② 80 ③ 180 ④ 72 532
74	74 × 76 1 1 ① 4900 ② 420 ③ 280 ④ 24 5624	74 × 45 1 1 ① 2800 ② 350 ③ 160 ④ 20 3330	74 × 28 1 1 ① 1400 ② 560 ③ 80 ④ 32 2072

九《く》九《く》るマス計算シート／9問

上記は 98 ページの【解答】です。

【問題】ページ

ここからは、マップ教育センターの授業で使用しているタテ・ヨコに数字が表記された「九九るマス計算シート」です。くり上がりの指示がないので、注意して解いてください。

	48	15	36
94	94 × 48 ① 0 0 ② 0 ③ 0 ④	94 × 15 ① 0 0 ② 0 ③ 0 ④	94 × 36 ① 0 0 ② 0 ③ 0 ④
62	62 × 48 ① 0 0 ② 0 ③ 0 ④	62 × 15 ① 0 0 ② 0 ③ 0 ④	62 × 36 ① 0 0 ② 0 ③ 0 ④
79	79 × 48 ① 0 0 ② 0 ③ 0 ④	79 × 15 ① 0 0 ② 0 ③ 0 ④	79 × 36 ① 0 0 ② 0 ③ 0 ④

【解答】は 105 ページを参照してください。

【解答】ページ

保護者の方へのお願い。
　お子さんの解答を見るさい、くり上がりができているか確認してください。解答には小さく、くり上がりの数を表記してあります。

	93	76	84
85	85 × 93 1 ① 7200 ② 240 ③ 450 ④ 15 7905	85 × 76 1 1 ① 5600 ② 480 ③ 350 ④ 30 6460	85 × 84 1 ① 6400 ② 320 ③ 400 ④ 20 7140
62	62 × 93 1 ① 5400 ② 180 ③ 180 ④ 6 5766	62 × 76 1 ① 4200 ② 360 ③ 140 ④ 12 4712	62 × 84 1 1 ① 4800 ② 240 ③ 160 ④ 8 5208
41	41 × 93 1 ① 3600 ② 120 ③ 90 ④ 3 3813	41 × 76 1 1 ① 2800 ② 240 ③ 70 ④ 6 3116	41 × 84 1 ① 3200 ② 160 ③ 80 ④ 4 3444

上記は100ページの【解答】です。

【問題】ページ

ここからは、マップ教育センターの授業で使用しているタテ・ヨコに数字が表記された「九九るマス計算シート」です。くり上がりの指示がないので、注意して解いてください。

	79	61	48
37	37 × 79 ① 0 0 ② 0 ③ 0 ④	37 × 61 ① 0 0 ② 0 ③ 0 ④	37 × 48 ① 0 0 ② 0 ③ 0 ④
24	24 × 79 ① 0 0 ② 0 ③ 0 ④	24 × 61 ① 0 0 ② 0 ③ 0 ④	24 × 48 ① 0 0 ② 0 ③ 0 ④
85	85 × 79 ① 0 0 ② 0 ③ 0 ④	85 × 61 ① 0 0 ② 0 ③ 0 ④	85 × 48 ① 0 0 ② 0 ③ 0 ④

【解答】は 107 ページを参照してください。

【解答】ページ

保護者の方へのお願い。

お子さんの解答を見るさい、くり上がりができているか確認してください。解答には小さく、くり上がりの数を表記してあります。

	48	15	36
94	94 × 48 1 1 ① 3600 ② 720 ③ 160 ④ 32 4512	94 × 15 1 1 ① 900 ② 450 ③ 40 ④ 20 1410	94 × 36 1 ① 2700 ② 540 ③ 120 ④ 24 3384
62	62 × 48 1 ① 2400 ② 480 ③ 80 ④ 16 2976	62 × 15 ① 600 ② 300 ③ 20 ④ 10 930	62 × 36 1 1 ① 1800 ② 360 ③ 60 ④ 12 2232
79	79 × 48 1 1 ① 2800 ② 560 ③ 360 ④ 72 3792	79 × 15 1 1 ① 700 ② 350 ③ 90 ④ 45 1185	79 × 36 1 ① 2100 ② 420 ③ 270 ④ 54 2844

上記は102ページの【解答】です。

【問題】ページ

ここからは、マップ教育センターの授業で使用しているタテ・ヨコに数字が表記された「九九るマス計算シート」です。くり上がりの指示がないので、注意して解いてください。

	94	52	47
76	76 × 94 ①　00 ②　0 ③　0 ④	76 × 52 ①　00 ②　0 ③　0 ④	76 × 47 ①　00 ②　0 ③　0 ④
98	98 × 94 ①　00 ②　0 ③　0 ④	98 × 52 ①　00 ②　0 ③　0 ④	98 × 47 ①　00 ②　0 ③　0 ④
13	13 × 94 ①　00 ②　0 ③　0 ④	13 × 52 ①　00 ②　0 ③　0 ④	13 × 47 ①　00 ②　0 ③　0 ④

【解答】は109ページを参照してください。

【解答】ページ

保護者の方へのお願い。
　お子さんの解答を見るさい、くり上がりができているか確認してください。解答には小さく、くり上がりの数を表記してあります。

	79	61	48
37	37 × 79 2 ① 2100 ② 270 ③ 490 ④ 63 2923	37 × 61 1 ① 1800 ② 30 ③ 420 ④ 7 2257	37 × 48 1 ① 1200 ② 240 ③ 280 ④ 56 1776
24	24 × 79 1 ① 1400 ② 180 ③ 280 ④ 36 1896	24 × 61 ① 1200 ② 20 ③ 240 ④ 4 1464	24 × 48 1 1 ① 800 ② 160 ③ 160 ④ 32 1152
85	85 × 79 1 1 ① 5600 ② 720 ③ 350 ④ 45 6715	85 × 61 1 ① 4800 ② 80 ③ 300 ④ 5 5185	85 × 48 1 ① 3200 ② 640 ③ 200 ④ 40 4080

上記は104ページの【解答】です。

【問題】ページ

ここからは、マップ教育センターの授業で使用しているタテ・ヨコに数字が表記された「九九るマス計算シート」です。くり上がりの指示がないので、注意して解いてください。

	68	54	29
84	84 × 68 ① 0 0 ② 0 ③ 0 ④	84 × 54 ① 0 0 ② 0 ③ 0 ④	84 × 29 ① 0 0 ② 0 ③ 0 ④
79	79 × 68 ① 0 0 ② 0 ③ 0 ④	79 × 54 ① 0 0 ② 0 ③ 0 ④	79 × 29 ① 0 0 ② 0 ③ 0 ④
31	31 × 68 ① 0 0 ② 0 ③ 0 ④	31 × 54 ① 0 0 ② 0 ③ 0 ④	31 × 29 ① 0 0 ② 0 ③ 0 ④

【解答】は 111 ページを参照してください。

【解答】ページ

保護者の方へのお願い。
　お子さんの解答を見るさい、くり上がりができているか確認してください。解答には小さく、くり上がりの数を表記してあります。

九九《くく》る《く》マス計算シート／9問

	94	52	47
76	76 × 94 1 1 ① 6300 ② 280 ③ 540 ④ 24 7144	76 × 52 ① 3500 ② 140 ③ 300 ④ 12 3952	76 × 47 1 1 ① 2800 ② 490 ③ 240 ④ 42 3572
98	98 × 94 1 1 ① 8100 ② 360 ③ 720 ④ 32 9212	98 × 52 1 ① 4500 ② 180 ③ 400 ④ 16 5096	98 × 47 1 1 ① 3600 ② 630 ③ 320 ④ 56 4606
13	13 × 94 1 1 ① 900 ② 40 ③ 270 ④ 12 1222	13 × 52 ① 500 ② 20 ③ 150 ④ 6 676	13 × 47 1 ① 400 ② 70 ③ 120 ④ 21 611

上記は 106 ページの【解答】です。

【問題】ページ

ここからは、マップ教育センターの授業で使用しているタテ・ヨコに数字が表記された「九九るマス計算シート」です。くり上がりの指示がないので、注意して解いてください。

	97	26	85
71	71 × 97 ① 0 0 ② 0 ③ 0 ④	71 × 26 ① 0 0 ② 0 ③ 0 ④	71 × 85 ① 0 0 ② 0 ③ 0 ④
48	48 × 97 ① 0 0 ② 0 ③ 0 ④	48 × 26 ① 0 0 ② 0 ③ 0 ④	48 × 85 ① 0 0 ② 0 ③ 0 ④
63	63 × 97 ① 0 0 ② 0 ③ 0 ④	63 × 26 ① 0 0 ② 0 ③ 0 ④	63 × 85 ① 0 0 ② 0 ③ 0 ④

【解答】は 113 ページを参照してください。

【解答】ページ

保護者の方へのお願い。
　お子さんの解答を見るさい、くり上がりができているか確認してください。解答には小さく、くり上がりの数を表記してあります。

	68	54	29
84	84 × 68 ① 4800 ② 640 ③ 240 ④ 32 5712	84 × 54 ① 4000 ② 320 ③ 200 ④ 16 4536	84 × 29 ① 1600 ② 720 ③ 80 ④ 36 2436
79	79 × 68 ① 4200 ② 560 ③ 540 ④ 72 5372	79 × 54 ① 3500 ② 280 ③ 450 ④ 36 4266	79 × 29 ① 1400 ② 630 ③ 180 ④ 81 2291
31	31 × 68 ① 1800 ② 240 ③ 60 ④ 8 2108	31 × 54 ① 1500 ② 120 ③ 50 ④ 4 1674	31 × 29 ① 600 ② 270 ③ 20 ④ 9 899

上記は 108 ページの【解答】です。

【問題】ページ

ここからは、マップ教育センターの授業で使用しているタテ・ヨコに数字が表記された「九九るマス計算シート」です。くり上がりの指示がないので、注意して解いてください。

	73	82	69
94	94 × 73 ① 0 0 ② 0 ③ 0 ④	94 × 82 ① 0 0 ② 0 ③ 0 ④	94 × 69 ① 0 0 ② 0 ③ 0 ④
56	56 × 73 ① 0 0 ② 0 ③ 0 ④	56 × 82 ① 0 0 ② 0 ③ 0 ④	56 × 69 ① 0 0 ② 0 ③ 0 ④
17	17 × 73 ① 0 0 ② 0 ③ 0 ④	17 × 82 ① 0 0 ② 0 ③ 0 ④	17 × 69 ① 0 0 ② 0 ③ 0 ④

【解答】は 115 ページを参照してください。

【解答】ページ

保護者の方へのお願い。
　お子さんの解答を見るさい、くり上がりができているか確認してください。解答には小さく、くり上がりの数を表記してあります。

	97	26	85
71	71 × 97 ① 6300 ② 490 ③ 90 ④ 7 6887	71 × 26 ① 1400 ② 420 ③ 20 ④ 6 1846	71 × 85 ① 5600 ② 350 ③ 80 ④ 5 6035
48	48 × 97 ① 3600 ② 280 ③ 720 ④ 56 4656	48 × 26 ① 800 ② 240 ③ 160 ④ 48 1248	48 × 85 ① 3200 ② 200 ③ 640 ④ 40 4080
63	63 × 97 ① 5400 ② 420 ③ 270 ④ 21 6111	63 × 26 ① 1200 ② 360 ③ 60 ④ 18 1638	63 × 85 ① 4800 ② 300 ③ 240 ④ 15 5355

上記は 110 ページの【解答】です。

【問題】ページ

ここからは、マップ教育センターの授業で使用しているタテ・ヨコに数字が表記された「九九るマス計算シート」です。くり上がりの指示がないので、注意して解いてください。

	91	62	48
38	38 × 91 ① 00 ② 0 ③ 0 ④	38 × 62 ① 00 ② 0 ③ 0 ④	38 × 48 ① 00 ② 0 ③ 0 ④
75	75 × 91 ① 00 ② 0 ③ 0 ④	75 × 62 ① 00 ② 0 ③ 0 ④	75 × 48 ① 00 ② 0 ③ 0 ④
69	69 × 91 ① 00 ② 0 ③ 0 ④	69 × 62 ① 00 ② 0 ③ 0 ④	69 × 48 ① 00 ② 0 ③ 0 ④

【解答】は 117 ページを参照してください。

【解答】ページ

保護者の方へのお願い。
　お子さんの解答を見るさい、くり上がりができているか確認してください。解答には小さく、くり上がりの数を表記してあります。

	73	82	69
94	94 × 73 ① 6300 ② 270 ③ 280 ④ 12 6862	94 × 82 ① 7200 ② 180 ③ 320 ④ 8 7708	94 × 69 ① 5400 ② 810 ③ 240 ④ 36 6486
56	56 × 73 ① 3500 ② 150 ③ 420 ④ 18 4088	56 × 82 ① 4000 ② 100 ③ 480 ④ 12 4592	56 × 69 ① 3000 ② 450 ③ 360 ④ 54 3864
17	17 × 73 ① 700 ② 30 ③ 490 ④ 21 1241	17 × 82 ① 800 ② 20 ③ 560 ④ 14 1394	17 × 69 ① 600 ② 90 ③ 420 ④ 63 1173

上記は112ページの【解答】です。

【問題】ページ

ここからは、マップ教育センターの授業で使用しているタテ・ヨコに数字が表記された「九九るマス計算シート」です。くり上がりの指示がないので、注意して解いてください。

	28	95	73
76	76 × 28 ① 0 0 ② 0 ③ 0 ④	76 × 95 ① 0 0 ② 0 ③ 0 ④	76 × 73 ① 0 0 ② 0 ③ 0 ④
14	14 × 28 ① 0 0 ② 0 ③ 0 ④	14 × 95 ① 0 0 ② 0 ③ 0 ④	14 × 73 ① 0 0 ② 0 ③ 0 ④
89	89 × 28 ① 0 0 ② 0 ③ 0 ④	89 × 95 ① 0 0 ② 0 ③ 0 ④	89 × 73 ① 0 0 ② 0 ③ 0 ④

【解答】は 119 ページを参照してください。

【解答】ページ

保護者の方へのお願い。
　お子さんの解答を見るさい、くり上がりができているか確認してください。解答には小さく、くり上がりの数を表記してあります。

	91	62	48
38	38 × 91 1 ① 2700 ② 30 ③ 720 ④ 8 3458	38 × 62 1 1 ① 1800 ② 60 ③ 480 ④ 16 2356	38 × 48 1 ① 1200 ② 240 ③ 320 ④ 64 1824
75	75 × 91 1 ① 6300 ② 70 ③ 450 ④ 5 6825	75 × 62 ① 4200 ② 140 ③ 300 ④ 10 4650	75 × 48 1 1 ① 2800 ② 560 ③ 200 ④ 40 3600
69	69 × 91 1 ① 5400 ② 60 ③ 810 ④ 9 6279	69 × 62 1 ① 3600 ② 120 ③ 540 ④ 18 4278	69 × 48 1 2 ① 2400 ② 480 ③ 360 ④ 72 3312

上記は114ページの【解答】です。

九《く》九《く》るマス計算シート／9問

【問題】ページ

ここからは、マップ教育センターの授業で使用しているタテ・ヨコに数字が表記された「九九るマス計算シート」です。くり上がりの指示がないので、注意して解いてください。

	64	57	36
86	86 × 64 ① 00 ② 0 ③ 0 ④	86 × 57 ① 00 ② 0 ③ 0 ④	86 × 36 ① 00 ② 0 ③ 0 ④
27	27 × 64 ① 00 ② 0 ③ 0 ④	27 × 57 ① 00 ② 0 ③ 0 ④	27 × 36 ① 00 ② 0 ③ 0 ④
49	49 × 64 ① 00 ② 0 ③ 0 ④	49 × 57 ① 00 ② 0 ③ 0 ④	49 × 36 ① 00 ② 0 ③ 0 ④

【解答】は 121 ページを参照してください。

九九《くく》るマス計算シート／9問

【解答】ページ

保護者の方へのお願い。
　お子さんの解答を見るさい、くり上がりができているか確認してください。解答には小さく、くり上がりの数を表記してあります。

	28	95	73
76	76 × 28 ① 1400 ② 560 ③ 120 ④ 48 2128	76 × 95 ① 6300 ② 350 ③ 540 ④ 30 7220	76 × 73 ① 4900 ② 210 ③ 420 ④ 18 5548
14	14 × 28 ① 200 ② 80 ③ 80 ④ 32 392	14 × 95 ① 900 ② 50 ③ 360 ④ 20 1330	14 × 73 ① 700 ② 30 ③ 280 ④ 12 1022
89	89 × 28 ① 1600 ② 640 ③ 180 ④ 72 2492	89 × 95 ① 7200 ② 400 ③ 810 ④ 45 8455	89 × 73 ① 5600 ② 240 ③ 630 ④ 27 6497

上記は116ページの【解答】です。

九九《くく》るマス計算法のしくみ

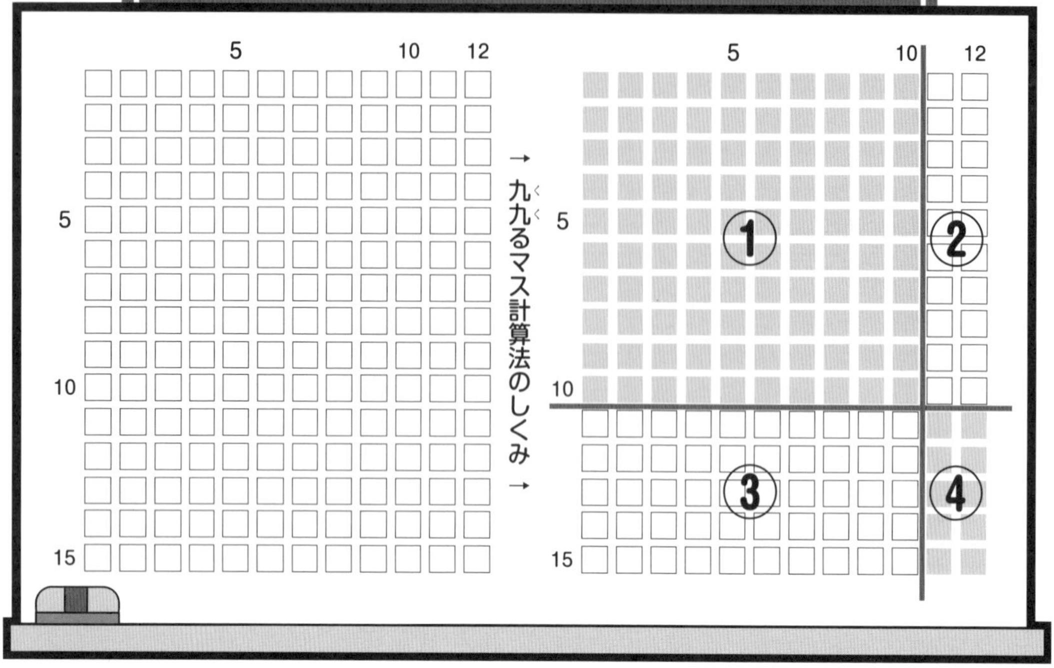

考え方のポイント

15 × 12 を４つに分解してみよう

分解した①②③④が九九るマス計算法のしくみ

□ 15 × 12 = 180 で考えてみる

九九《くく》るマス計算法はいかがでしたか？

やり方は理解できたので、九九《くく》るマス計算法のしくみを考えてみましょう。

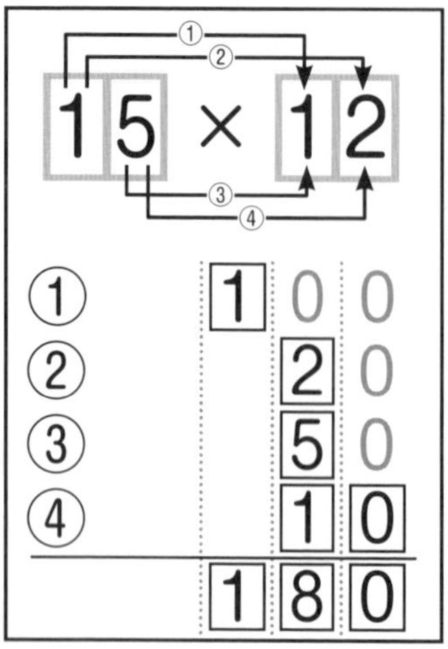

九九《くく》るマス計算法で解くと左のようになります。では、ボードを見てください。

左側の 180 個のマスは 15×12 を表し、右側は、それを九九《くく》るマス計算法のしくみで表しています。では、下記の①②③④をボードと見比べて確認してみましょう。

① 10×10=100　② 10×2=20

③ 5×10= 50　④ 5×2=10

つまり、九九《くく》るマス計算法とは、二桁《けた》×二桁《けた》のかけ算を４つに分解し、それぞれのパーツの数を九九《くく》を使って計算し、４つの和を求めているのです。

最後に「第５章／さまざまな九九《くく》るマス計算法」を紹介しますので、もう少しおつき合いください。

【解答】ページ

保護者の方へのお願い。

お子さんの解答を見るさい、くり上がりができているか確認してください。解答には小さく、くり上がりの数を表記してあります。

	64	57	36
86	86 × 64 1 1 ① 4800 ② 320 ③ 360 ④ 24 5504	86 × 57 1 ① 4000 ② 560 ③ 300 ④ 42 4902	86 × 36 1 1 ① 2400 ② 480 ③ 180 ④ 36 3096
27	27 × 64 1 ① 1200 ② 80 ③ 420 ④ 28 1728	27 × 57 1 ① 1000 ② 140 ③ 350 ④ 49 1539	27 × 36 ① 600 ② 120 ③ 210 ④ 42 972
49	49 × 64 1 1 ① 2400 ② 160 ③ 540 ④ 36 3136	49 × 57 1 ① 2000 ② 280 ③ 450 ④ 63 2793	49 × 36 1 ① 1200 ② 240 ③ 270 ④ 54 1764

上記は118ページの【解答】です。

九九《くく》るマス計算法／第５章

- 「0《ゼロ》がふくまれる」九九《くく》るマス計算法
- 「ゾロ目」の九九《くく》るマス計算法
- コラム／「マップ教育センター」のくり上がりのやり方
- チャレンジしてみよう！「逆・九九《くく》るマス計算」問題
- コラム／九九《くく》るマス計算法の最終段階

0《ゼロ》がふくまれる – その１

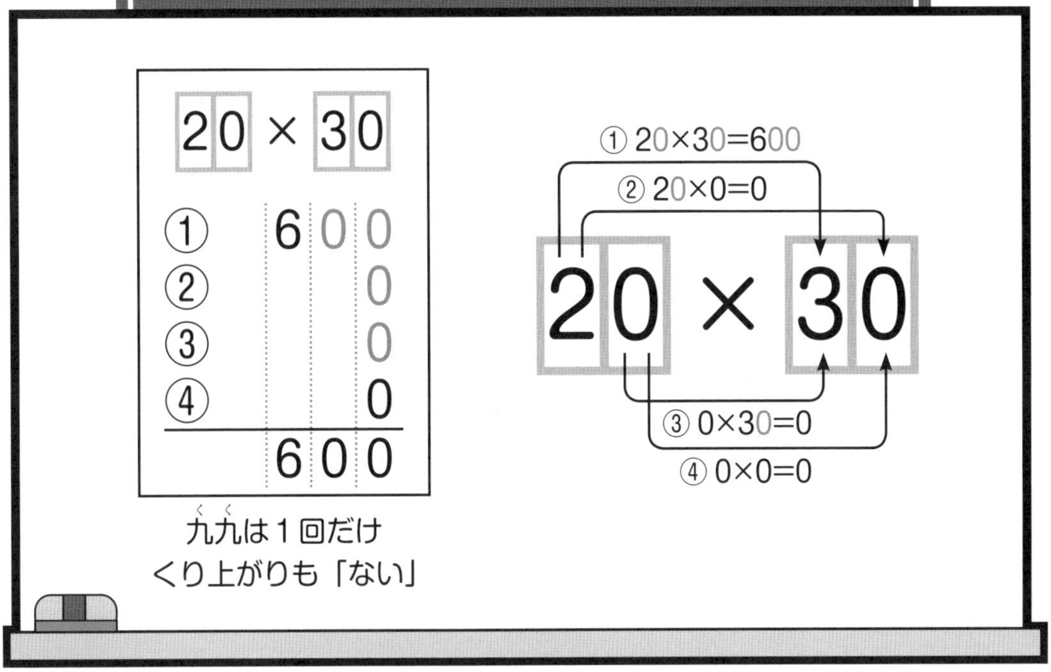
20 × 30
① 6 0 0
② 0
③ 0
④ 0
6 0 0
九九《くく》は１回だけ
くり上がりも「ない」
① 20×30=600
② 20×0=0
20 × 30
③ 0×30=0
④ 0×0=0

考え方のポイント

0が含まれる場合は、暗算でやってみよう

2×3=6（にさんがろく）の後ろに「0」を２つ付ける

□ 20 × 30 = 600 は暗算でやれる

中には、この計算を筆算を使って解こうとする子どもがいます。

```
　　２０
×　３０
　　００（←書かなくてもいい）
　６０
　６００
```

しかも、下記のようなミスをしてしまうケースも見受けられます。

```
　　２０
　×３０
　　００
　　６０
　　６０
```

本書を使い、はじめてお子さんに算数を教える保護者の方は、まず、子どもは必ずミスをすることを認識しましょう。そして、ミスをしても保護者の方がていねいに接してあげてください。

さて、「0がふくまれる」ケースですが、通常の筆算や九九《くく》るマス計算法をする必要はありません。

２０×３０＝６００

の場合は、九九《くく》で2×3=6（にさんがろく）となり、その「6」の後ろに、

・20の「0」
・30の「0」

の２つを付け加えて、答えの「600」にするという暗算のやり方を覚えましょう。

0《ゼロ》がふくまれる ― その2

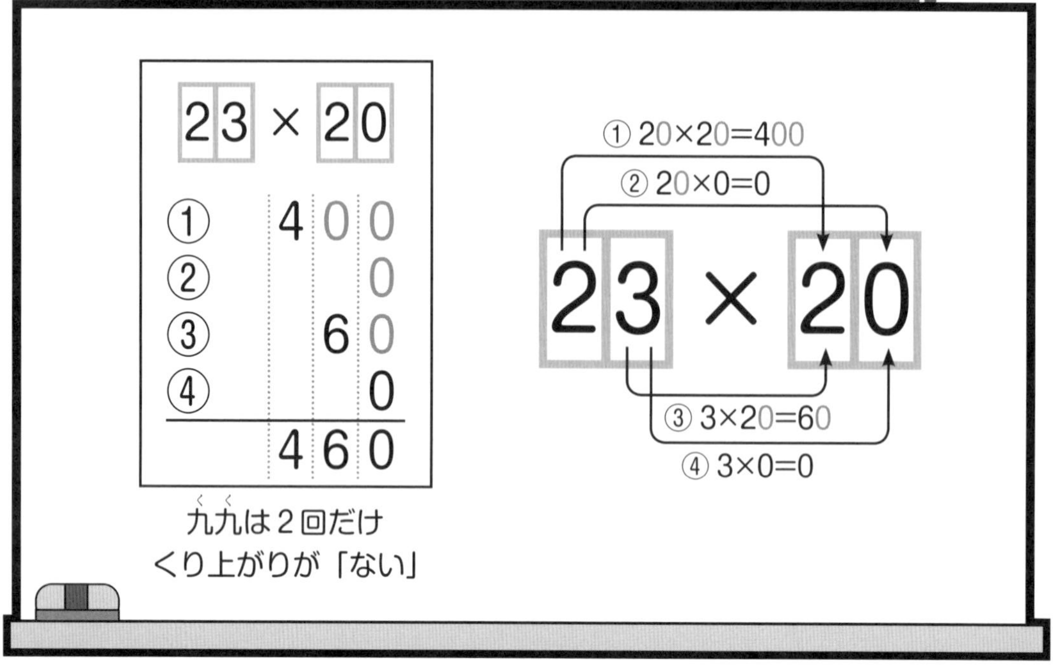

23 × 20
① 400
② 0
③ 60
④ 0
460
九九《くく》は2回だけ
くり上がりが「ない」
① 20×20=400
② 20×0=0
23 × 20
③ 3×20=60
④ 3×0=0

考え方のポイント　***筆算も九九るマス計算法も 2回の九九で答えが導き出せる***

□ 23 × 20 = 460 も暗算でやれる

筆算を使って、ていねいに解くと下記のようになります。

　　23
×　20
　　00（←書かなくてもいい）
　46
　460

まずは、位《くらい》をまちがえないようにすることを心がけます。そして2回の九九《くく》で、

・2×3=「6」（にさんがろく）が十の位
・2×2=「4」（ににんがし）が百の位
・一の位は「0」

になり「460」という答えが導き出せます。一方、九九《くく》るマス計算法で解くとボードのようになります。当然、どちらのやり方で解いても答えは出ますが、この計算の場合は前ページと同じ考え方で、暗算で解けるようになりましょう。

話は、九九《くく》るマス計算法から少し横道にそれますが、小学算数において「0」の概念や扱いはとても重要になります。「答えに0を付け忘れちゃった…」は、多くの子どもたちが経験するミスです。

「×10は10倍」「×100は100倍」「×1000は1000倍」を意味する。

「3×7000」「30×700」「300×70」「3000×7」が同じ答えになる。

このことを、しっかりとお子さんに教えてあげましょう。

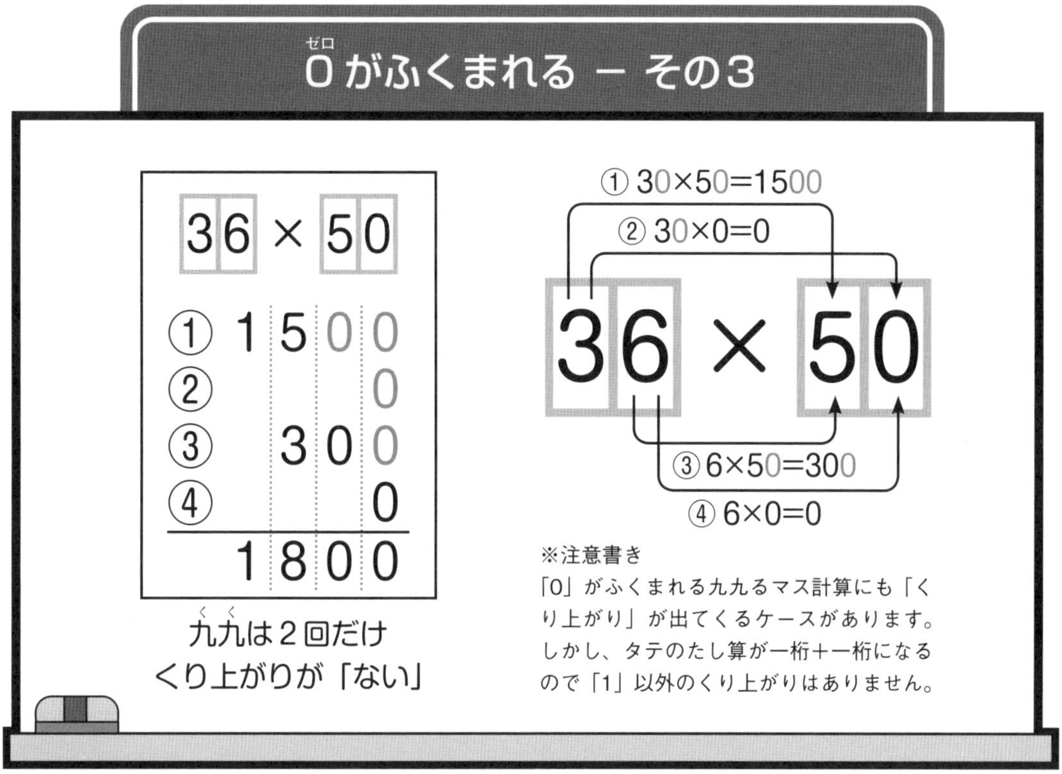
0《ゼロ》がふくまれる － その3
36 × 50
① 1500
② 0
③ 300
④ 0
1800
九九《くく》は２回だけ
くり上がりが「ない」
① 30×50=1500
② 30×0=0
36 × 50
③ 6×50=300
④ 6×0=0
※注意書き
「0」がふくまれる九九るマス計算にも「くり上がり」が出てくるケースがあります。しかし、タテのたし算が一桁＋一桁になるので「1」以外のくり上がりはありません。

考え方のポイント

筆算は、くり上がりがある

九九るマス計算法は、くり上がりがない

□ 36 × 50 の筆算はくり上がりがある

筆算を使って、ていねいに解くと下記のようになります。

```
      36
 ×    50
 ───────
      00
   3←（5×6=30 の「3」）
    180
 ───────
   1800
```

```
     36
 ×   50
 ──────
  3
  1800
```
なれてくるとこのように書くようになる

一段目の「0 0」は書かなくてもいいのですが、子どもにとって 5×6=30 のくり上がりの数「3」が、なかなかやっかいになります。

たし算→九九《くく》→かけ算の筆算という学習の流れの中で、すべての子どもが、いきなり 36×50 の筆算の答えを「1800」と導き出せるわけではありません。ここで、小学算数につまずいてしまうケースのなんと多いことか。

一方、九九《くく》るマス計算法で解くとボードのように、くり上がりがありません（※注意書き参照）。どちらがすぐれているというわけではありませんが、マップ教育センターにおける九九《くく》るマス計算法の導入理由のひとつに、「算数や数字をきらいにさせない」という取り組みがあげられます。

二桁×二桁の計算に限定されてしまう九九《くく》るマス計算法ですが、九九《くく》→かけ算の筆算の狭間で、九九《くく》と一桁のたし算で簡単に解く楽しさを体感できるのです。

ゾロ目 ― その1

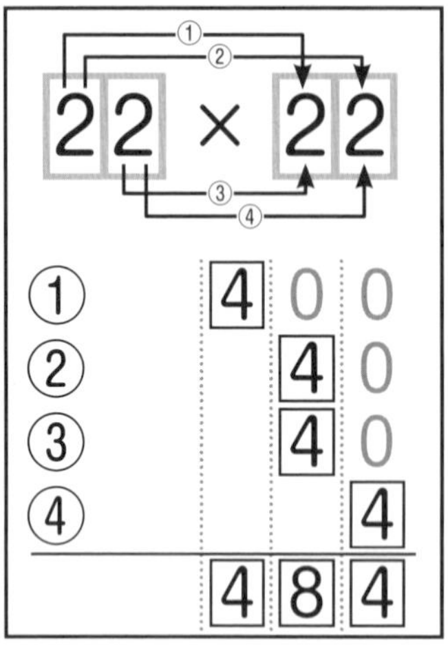

【規則性の発見】

11×11= 121 (121× 1= 121)
22×22= 484 (121× 4= 484)
33×33=1089 (121× 9=1089)
44×44=1936 (121×16=1936)
55×55=3025 (121×25=3025)
66×66=4356 (121×36=4356)
77×77=5929 (121×49=5929)
88×88=7744 (121×64=7744)
99×99=9801 (121×81=9801)

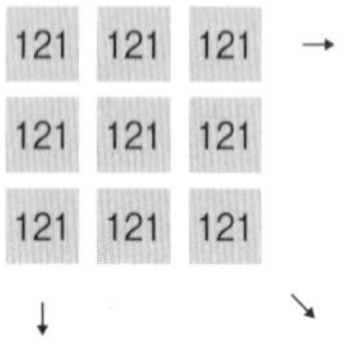

上記の規則性を図版化すると、このようになる

考え方のポイント　***①②③④に入る数字は同じで9つのパターンしかないが、そこに秘密がある***

□規則性の発見

当然ですが「ゾロ目／すべて同じ数字」の九九《くく》るマス計算法は、①②③④に入る数もすべて同じになります。そして、これも当然ですが「ゾロ目／すべて同じ数字」の九九《くく》るマス計算法は、全部で、ボードに示した9つのパターンしかありません。

「1問で4回の九九《くく》の練習」が、九九《くく》るマス計算法のウリなので、これでは九九《くく》の練習になりません。ところが、この9つのパターンには大きな秘密がかくされているのです。お子さんが高学年で、とても算数に興味がある場合は、9つのパターンすべてを解かせてみてください。

では、ボード右側の【規則性の発見】を見てください。おそらく、この規則性をご存じの保護者の方は、そう多くないと思われます。既刊本『改訂新版 一番わかりやすい小学算数の教え方』(実業之日本社)においても、規則性の大切さを説いていますが、算数や数学の面白さはここに集約されます。

お子さんが9つのパターンすべてを解いた後に、「この9つの答えには、規則性の秘密がかくされているよ。わかるかな？」と質問し、知的好奇心をくすぐってあげましょう。わからなくてもいいのです。そのときは、保護者の方がていねいに教えてあげて、お子さんに「すごーい!」と言ってもらいましょう。

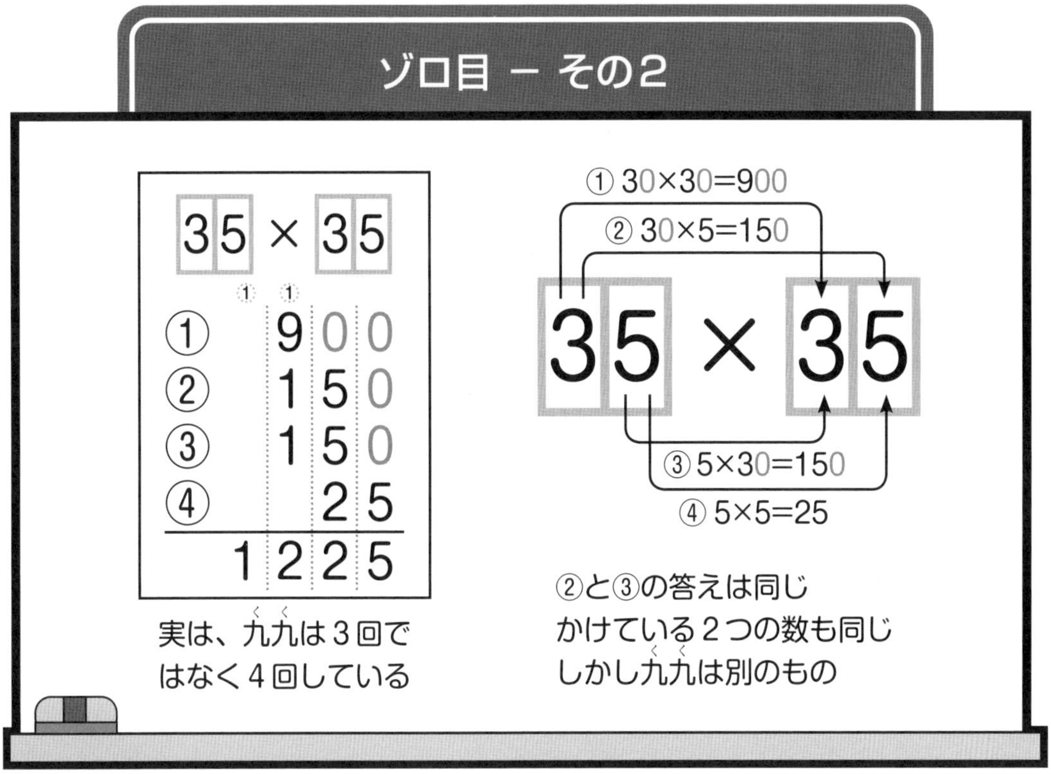
ゾロ目 － その2
35 × 35
① 900
② 150
③ 150
④ 25
1225
実は、九九《くく》は３回ではなく４回している
① 30×30=900
② 30×5=150
③ 5×30=150
④ 5×5=25
②と③の答えは同じ
かけている２つの数も同じ
しかし九九《くく》は別のもの

考え方のポイント　***さんごじゅうご（3×5）と ごさんじゅうご（5×3）は、別のもの***

□大人の感覚と子どもの感覚

結論から先に言えば「ゾロ目／各位《くらい》どうしが同じ数字」の九九《くく》るマス計算法（前ページの９つのパターンを除く）は、大いにやりましょう。

前ページ「ゾロ目／すべて同じ数字」の九九《くく》るマス計算法では、①②③④に入る数がすべて同じになってしまいますが、35×35はボードを見る限り、大人の感覚では②と③が同じ答えなので３回の九九《くく》をやっていることになります。

前述のとおり「１問で４回の九九《くく》の練習」がウリになります。３回の九九《くく》の練習ならまぁいいのかな…、と思わずによく考えてください。

子どもの感覚では、
「さんごじゅうご（3×5）」と
「ごさんじゅうご（5×3）」は
まったく別のものなのです。つまり、４回九九をやっているのです。実際に、第４章でもゾロ目の問題を含ませています。

お子さんと九九《くく》るマス計算法を学ぶ、またお子さんに算数を教えるときには、つねに子どもの目線になることを心がけてください。そして、すべての学習が、必ず次のステップにつながることを忘れないでください。

では、次ページでゾロ目の九九《くく》るマス計算法が、中学数学につながっていくことを紹介してみましょう。

ゾロ目 － その3

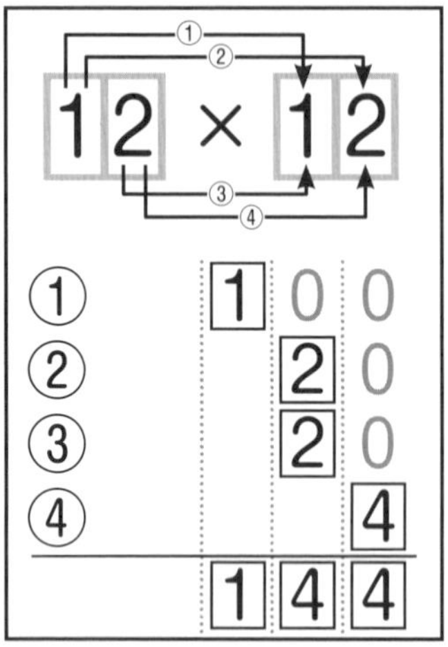

【中学数学でひんぱんに出てくる】

11×11=121（$\sqrt{121}$=11）

12×12=144（$\sqrt{144}$=12）

13×13=169（$\sqrt{169}$=13）

14×14=196（$\sqrt{196}$=14）

15×15=225（$\sqrt{225}$=15）

考え方のポイント

中学数学で出てくる「√《ルート》」は
ゾロ目のかけ算と深い関係にある

□最終的には暗記しよう

$\sqrt{4}$=2、$\sqrt{9}$=3。

中学数学から登場する√《ルート》ですが、上記は一般的にもよく知られていることです。

そもそも「√《ルート》a」とは、2乗（平方）するとaになる数のことです。また、中学数学では「x^2 = aを満たすxをaの平方根」といいます。

小学算数の本なので√《ルート》の詳細な解説は、これで終わりにしましょう。

さて、本題を簡潔に説明すれば、「√《ルート》とゾロ目のかけ算は関係している」ということになりますが、ここからが重要です。中学数学では、$\sqrt{4}$=2、$\sqrt{9}$=3の他に、ボードに表記された5つのパターンがひんぱんに出てきます。

したがって、小学生の高学年で、九《く》九《く》るマス計算法を学ぶ場合は、上記の5つのパターンを積極的にやらせてください。そして最終的には、通常の筆算や九《く》九《く》るマス計算法を使わずに暗記することができれば、中学数学で大いに役立ちます。

ただし、126ページの規則性や、このゾロ目のかけ算と√《ルート》の関係は、いきなりやらせる必要はありませんので、お子さんの進度に合わせて学習を進めてください。

では、次ページのコラムでマップ教育センターが実践している「くり上がりのやり方」を、130～133ページで「逆・九《く》九《く》るマス計算法」を紹介します。

「マップ教育センター」のくり上がりのやり方

九《く》九《く》るマス計算法では、くり上がりの数は1と2しかありません。しかし、かけ算の筆算では、くり上がりの数がたくさん出てくるケースがあります。対処法として小さな数字でくり上がりの数を表記する方法は、小学校でも教わります。マップ教育センターでは、筆算になれてきた生徒には、小さな数字を書かずに下の写真のように机の上に指をおいて、くり上がりの数をカウントさせて計算しています。ぜひ、家庭学習でも試してみてください。

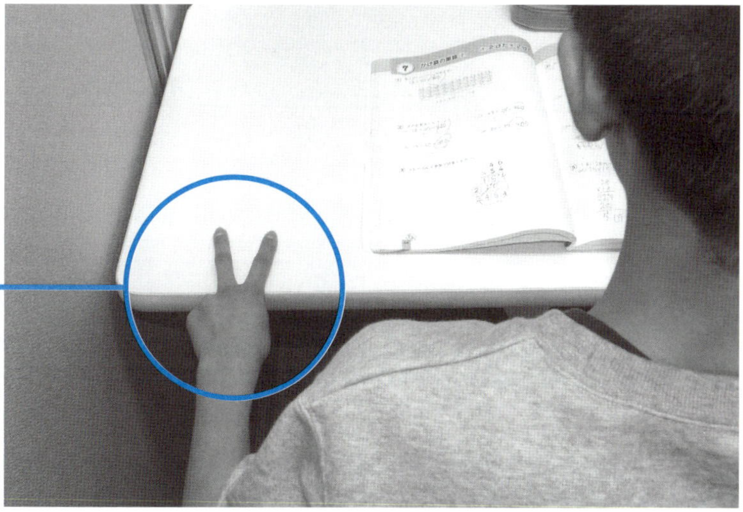

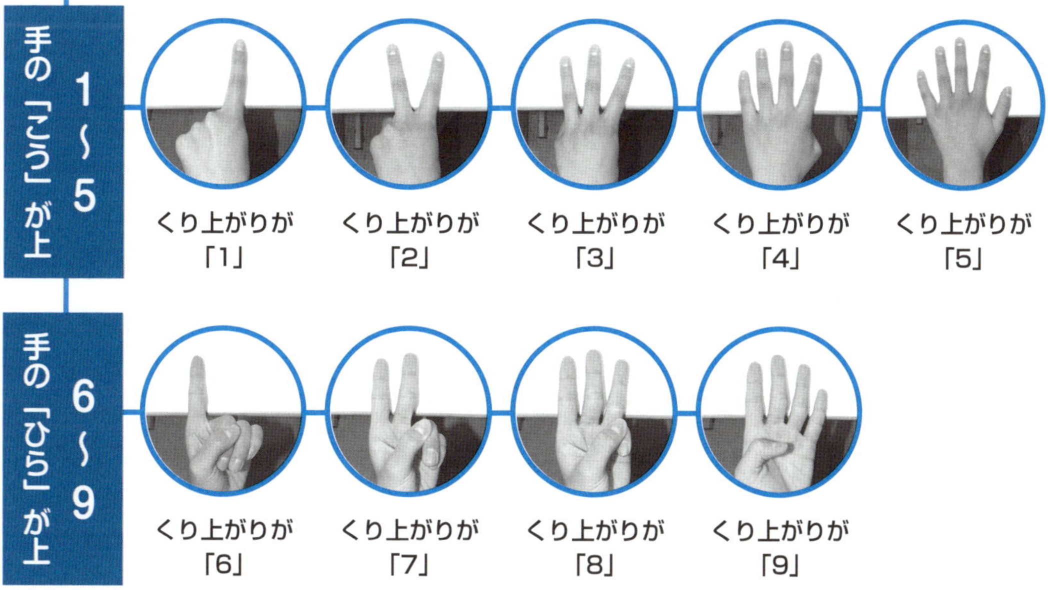
1～5
手の「こう」が上
くり上がりが
「1」
くり上がりが
「2」
くり上がりが
「3」
くり上がりが
「4」
くり上がりが
「5」
6～9
手の「ひら」が上
くり上がりが
「6」
くり上がりが
「7」
くり上がりが
「8」
くり上がりが
「9」

もとの問題を完成させる

九九《くく》るマス計算の①～④の数をたして答えを出し、「あ」「い」「う」を求めて、もとの問題を完成させてください。

6あ × いう

①	3	6	0	0
②		2	4	0
③		1	2	0
④				8

【解き方の手順】

1．まずは①②③④の和を計算する。
答えは「3968」になる。

2．① 6×い＝36 → い＝6
② 6×う＝24 → う＝4

3．③ あ×6＝12 → あ＝2

130～133ページは九九《くく》るマス計算法の応用問題**「逆・九九《くく》るマス計算」**を紹介します。考え方としては「2×9＝18」から、下記のような□の穴埋め問題が成り立ちます。これを、九九《くく》るマス計算法でやってみます。

・□×9＝18

・2×□＝18

九九《くく》るマス計算法のルールは、あえて表記しませんが、ボードの**【解き方の手順】**を見て考えてみましょう。お子さんに出題するさいは、本人の学習進度を見きわめてから解かせてください。

1．

6あ × いう

①	3	6	0	0
②		2	4	0
③		1	2	0
④				8
	3	9	6	8

2．

6あ × 64

①	3	6	0	0
②		2	4	0
③		1	2	0
④				8
	3	9	6	8

3．

62 × 64

①	3	6	0	0
②		2	4	0
③		1	2	0
④				8
	3	9	6	8

左側の数の十の位《くらい》を求める

九九《くく》るマス計算の答えは 4876 です。では、「(え)」に入る数を求めて、九九《くく》るマス計算を完成させてください。

(え)2 × 53

①			0	0
②				0
③				0
④				
	4	8	7	6

【解き方の手順】

1．③ 2×5=10、④ 2×3=6。

2．答えの十の位《くらい》の和は「7」。
②の十の位には 7－0=7 で「7」が入る。

3．②の部分には(え) ×3 の答えがあてはまる。
九九《くく》の 3 の段で、一の位が 7 になるのは、
3×9=27 なので百の位には「2」が入る。

4．3. から、「(え)」には「9」が入ることがわかる。
最後に九九《くく》るマス計算を完成させよう。

1．

(え)2 × 53

①			0	0	
②				0	
③		1	0	0	← 2×5=10
④				6	← 2×3=6
	4	8	7	6	

2．

(え)2 × 53

①			0	0
②			7	0
③		1	0	0
④				6
	4	8	7	6

3．

(え)2 × 53

①			0	0	
②		2	7	0	←(え)×3の答えが入る 3×9=27になる
③		1	0	0	
④				6	
	4	8	7	6	

4．

92 × 53

①	4	5	0	0
②		2	7	0
③		1	0	0
④				6
	4	8	7	6

右側の数の一の位《くらい》を求める

九九《くく》るマス計算の答えは 2184 です。では、「㋔」に入る数を求めて、九九《くく》るマス計算を完成させてください。

26 × 8㋔

①			0	0
②				0
③				0
④				
	2	1	8	4

【解き方の手順】

1. ① 2×8=16、③ 6×8=48。
   2184 の答えから④の一の位《くらい》は「4」。
2. ④の一の位《くらい》は「4」なので、九九《くく》の６の段で
   一の位が４になるのは、
   6×4=24 と 6×9=54。
   つまり、「㋔」は「4」か「9」のどちらかになる。
3. 「4」で確認してみよう（4 だと 2184）。
4. 「9」で確認してみよう（9 だと 2314）。

1.

26 × 8㋔

①	1	6	0	0
②				0
③		4	8	0
④				4
	2	1	8	4

2.

26 × 8㋔

①	1	6	0	0
②				0
③		4	8	0
④				4
	2	1	8	4

④の一の位が4なので、「㋔」には「4」か「9」どちらかが入ることになる

3.

26 × 84　←「4」で確認

①	1	6	0	0
②			8	0
③		4	8	0
④			2	4
	2	1	8	4

4.

26 × 89　←「9」で確認

①	1	6	0	0
②		1	8	0
③		4	8	0
④			5	4
	2	3	1	4

←2184 にならない

左側の数の一の位《くらい》を求める

九九《くく》るマス計算の答えは 1748 です。では、「㋕」に入る数を求めて、九九《くく》るマス計算を完成させてください。

4㋕ × 38

①			0	0
②				0
③				0
④				
	1	7	4	8

【解き方の手順】

1. ① 4×3=12、② 4×8=32。
   1748 の答えから④の一の位《くらい》は「8」。
2. ④の一の位《くらい》は「8」なので、九九《くく》の 8 の段で一の位が 8 になるのは、
   8×1=8 と 8×6=48。
   つまり、「㋕」は「1」か「6」のどちらかになる。
3. 「1」で確認してみよう（1 だと 1558）。
4. 「6」で確認してみよう（6 だと 1748）。

1.

4㋕ × 38

①	1	2	0	0
②		3	2	0
③				0
④				8
	1	7	4	8

2.

4㋕ × 38

①	1	2	0	0
②		3	2	0
③				0
④				8
	1	7	4	8

④の一の位が8なので、「㋕」には「1」か「6」どちらかが入ることになる

3.

41 × 38 ←「1」で確認

①	1	2	0	0
②		3	2	0
③			3	0
④				8
	1	5	5	8

←1748 にならない

4.

46 × 38 ←「6」で確認

①	1	2	0	0
②		3	2	0
③		1	8	0
④			4	8
	1	7	4	8

「マップ教育センター」では…

魔法の「九九《くく》るマス計算法」も、そろそろ終わりに近づいてきました。最後に、マップ教育センターにおける九九《くく》るマス計算法の最終段階を紹介します。下の問題・解答用紙を見てください。これは、マップ教育センターの生徒（小学６年生）が、実際に九九《くく》るマス計算法で解いたものです。トレーニングを続けて九九《くく》るマス計算法になれてくると、もはや九九《くく》るマス計算シートは必要なくなります。この段階になったら、計算タイムをはかるのもいいでしょう。

76×63 A.4788	4200 210 360 18 4788
54×28 A.1512	1000 400 80 32 1512
82×39 A.3198	2400 720 60 18 3198
47×95 A.4465	3600 200 630 35 4465

九九《くく》るマス計算法／第６章

・九九《くく》るマス計算シート「１問」
・九九《くく》るマス計算シート「２問」
・九九《くく》るマス計算シート「４問／ Ver. １・2」
・九九《くく》るマス計算シート「9問／ Ver. １・２・3」

白紙の九九《くく》るマス計算シート

家庭学習用に白紙の「九九《くく》るマス計算シート」を用意しました。保護者の方がコピーをして、自由に二桁の数字を書き入れて、お子さんの計算トレーニング教材としてお役立てください。九九《くく》るマス計算シートは、上記の「1問」「2問」「4問／ Ver. 1・2」「9問／ Ver. 1・2・3」の4パターン7種類があります。お子さんの進度によって使いわけてください。また、九九《くく》るマス計算シートの、他者への無断配布および無断使用はお控えください。

計算の手順

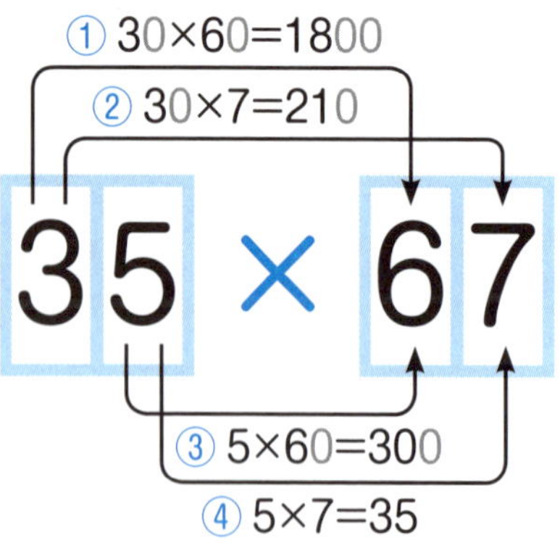
① 30×60=1800
② 30×7=210
35 × 67
③ 5×60=300
④ 5×7=35

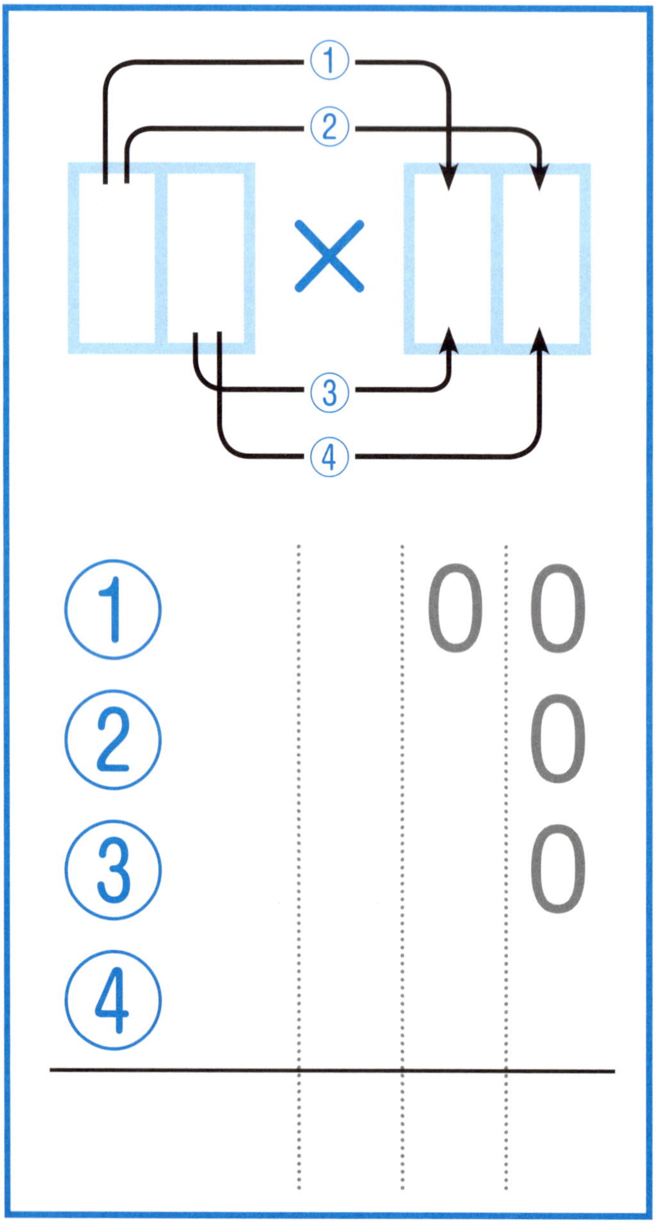
①
②
×
③
④
① 0 0
② 0
③ 0
④

□□ × □□

①　　0 0
②　　　0
③　　　0
④

※途中式も記入してみよう

←① □0×□0＝□00
←② □0×□＝□0
←③ □×□0＝□0
←④ □×□＝□

計算の手順

35 × 67

① 30×60=1800
② 30×7=210
③ 5×60=300
④ 5×7=35

□□ × □□

①　　0 0
②　　　0
③　　　0
④

※途中式も記入してみよう

←① □0×□0＝□00
←② □0×□＝□0
←③ □×□0＝□0
←④ □×□＝□

※自由に二桁の数字を書き入れて「九九《くく》るマス計算法」で解いてください。

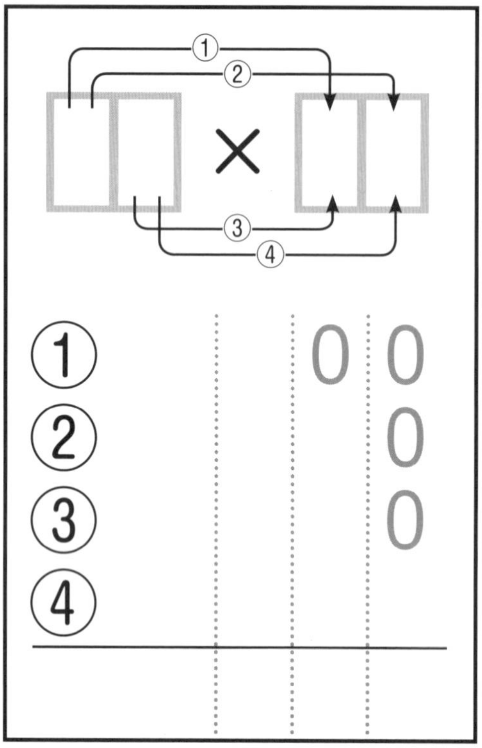

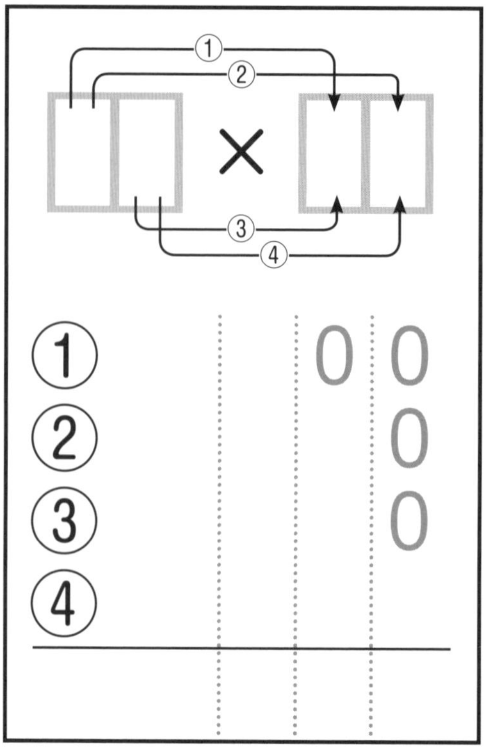

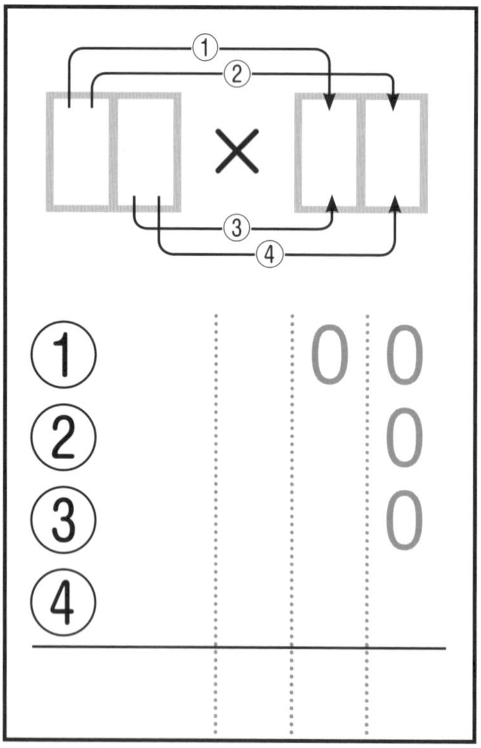

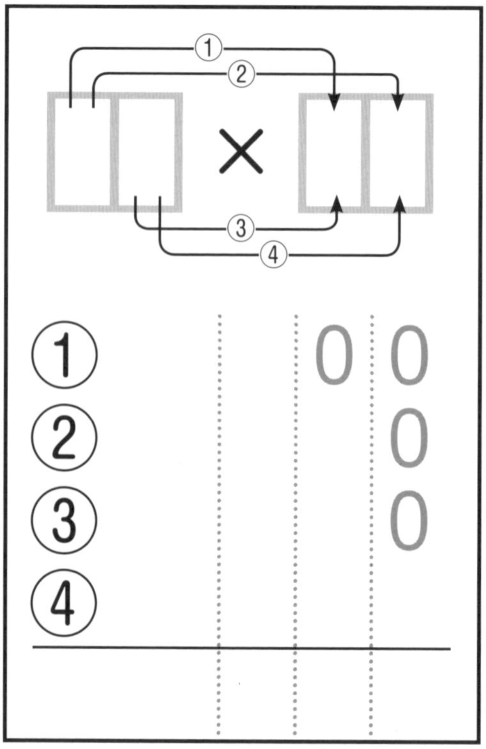

※タテとヨコに2つの二桁の数字を書き入れて、それぞれ交じり合った数字の積を「九《く》九《く》るマス計算法」で解いてください。

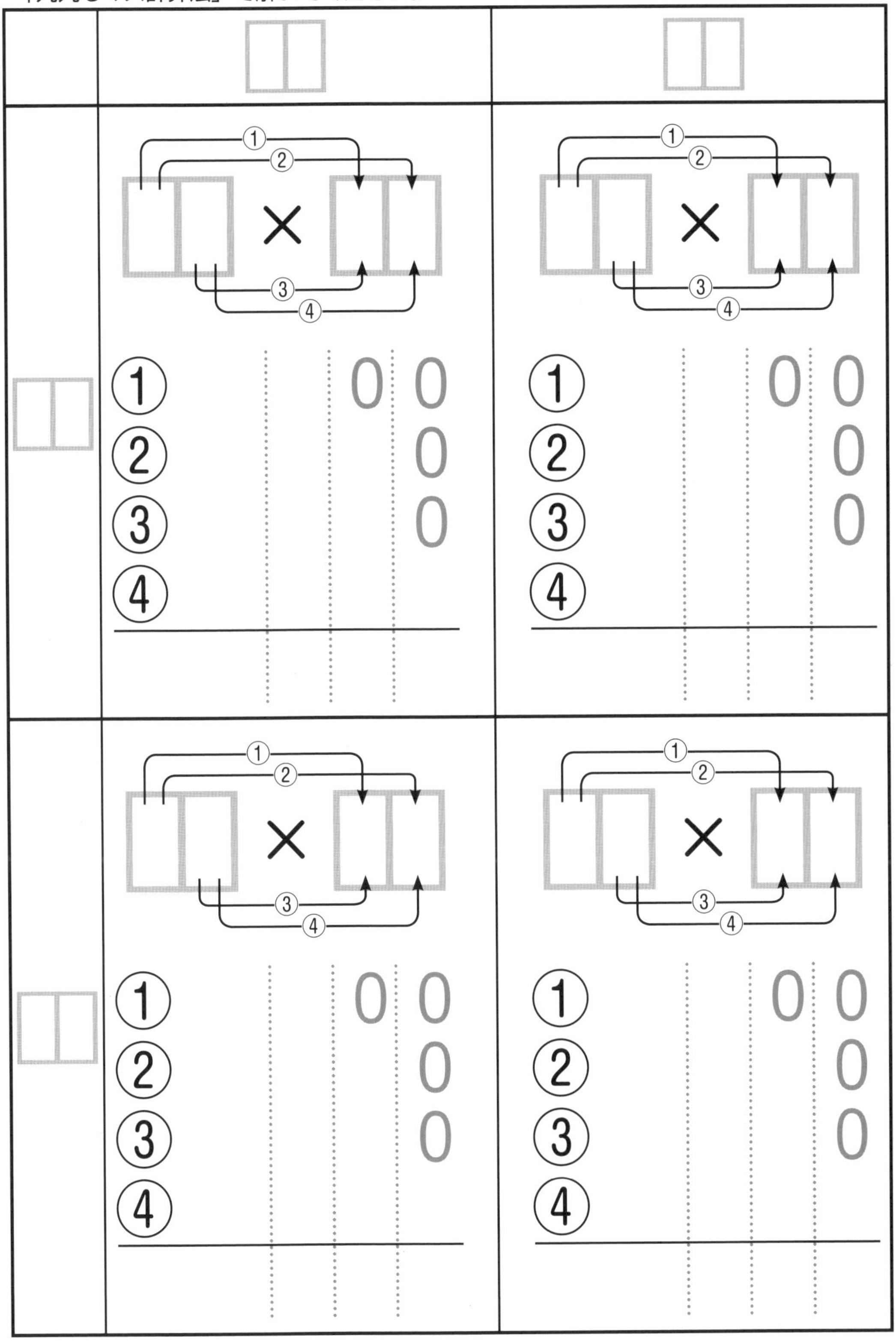

※自由に二桁の数字を書き入れて「九九《くく》るマス計算法」で解いてください。

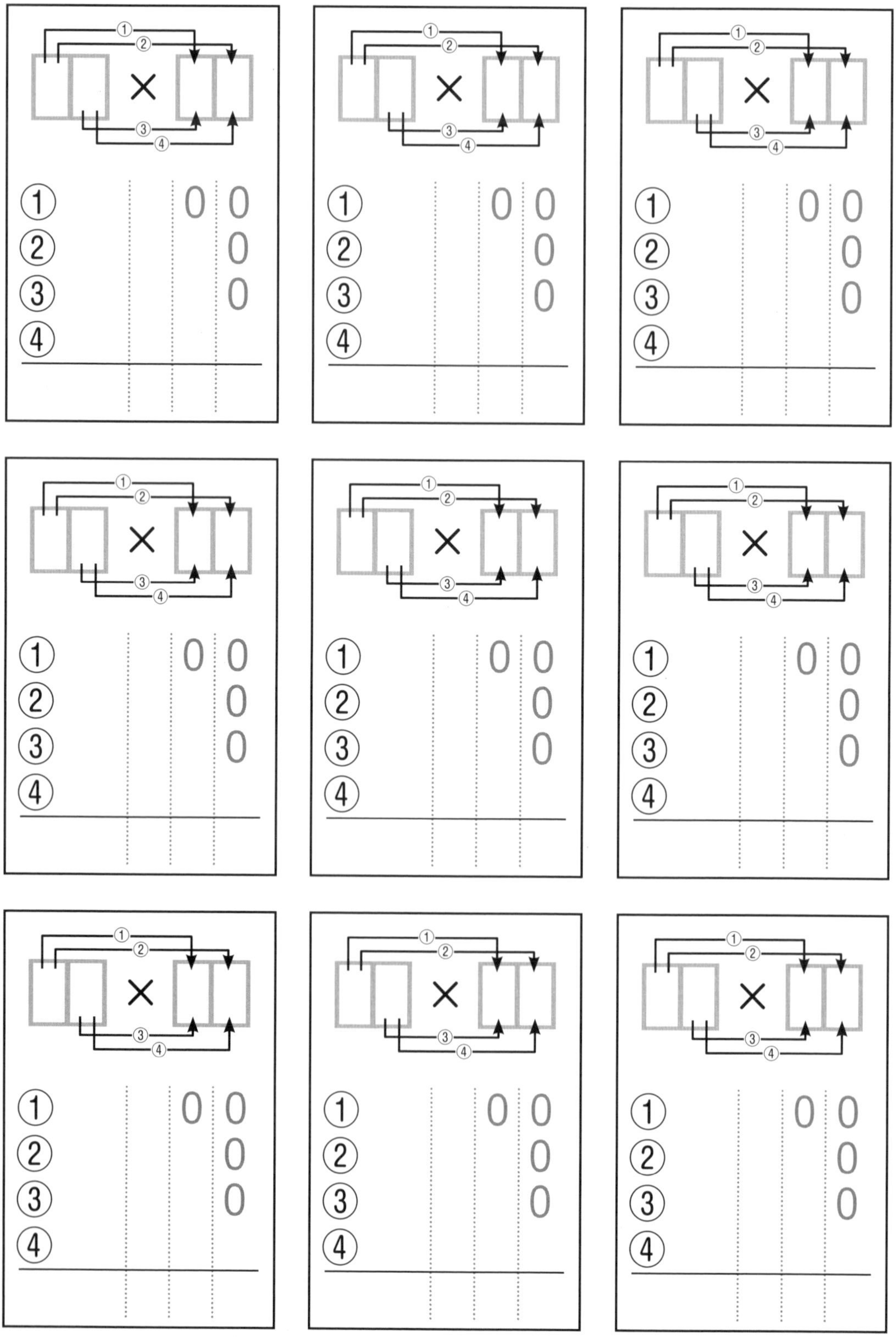

※タテとヨコに3つの二桁の数字を書き入れて、それぞれ交じり合った数字の積を「九九《くく》るマス計算法」で解いてください。

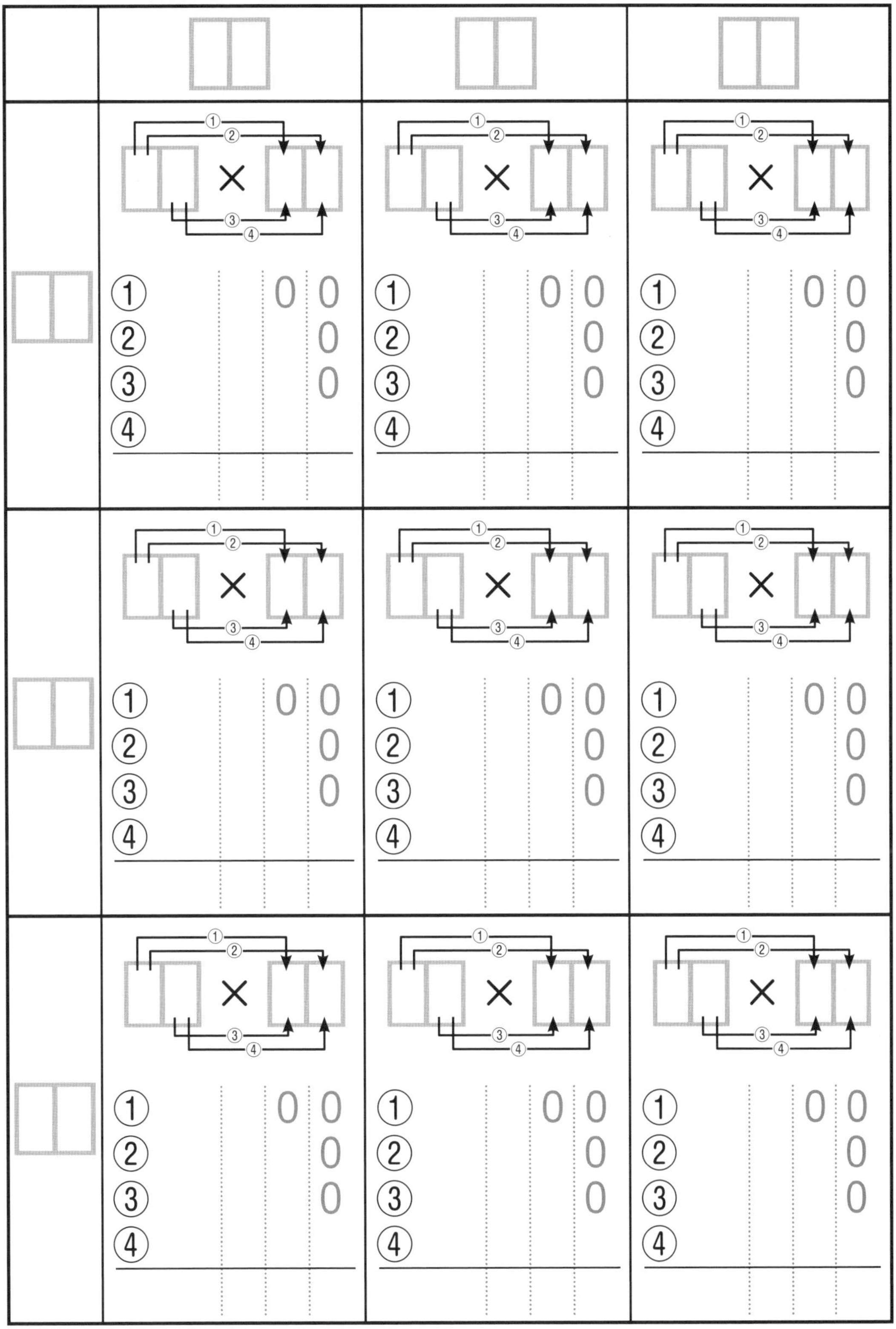

※タテとヨコに３つの二桁の数字を書き入れて、それぞれ交じり合った数字の積を「九九《くく》るマス計算法」で解いてください。

	□	□	□
□	□ × □	□ × □	□ × □
□	□ × □	□ × □	□ × □
□	□ × □	□ × □	□ × □

●大崎先生のごあいさつ

はじめまして、共著者の大崎哲也です。大嶋秀樹塾長とは、古くからの友人であり、現在、ともにマップ教育センターの運営に携わっています。

さて、本書のタイトルに「魔法の…」というフレーズがありますが、これは、二桁×二桁の計算が簡単に正確に解けること以外に、算数や数字をきらいにさせないという思いが込められています。今日の我が国における学習環境は、家庭・学校・学習塾の３つに大きくわけることができますが、すべての子どもに対して勉強を好きにさせる学習指導法などありません。とはいえ、日々、保護者・教師・塾講師は子どもと向き合わなくてはなりません。

常々、大嶋塾長は「家庭学習の重要性と勉強をきらいにさせない環境作り」を唱えています。それを具現化したのが、これまでの出版物であり本書なのです。きらいにさせないからのスタートでいいのではないでしょうか。知るよろこび、解けるよろこび、調べるよろこびの積み重ねが、勉強を大好きにさせるのです。そして、それが自らの意志と規律にもとづいた「自律学習」の確立につながり、最終的にキャリアデザイン（career design＝自分の人生のプランを自ら設計し意思決定すること）へと発展していきます。マップ教育センターでは、これらの一貫的なサポートを開校以来続けています。

その意味において、「九《く》九《く》るマス計算法」の果たす役割は大きいと考えます。前述の３つの学習環境において、九《く》九《く》るマス計算法が学びのお役に立てるのであればうれしい限りです。さらに、「数」に国境はありません。世界中の子どもたちに九《く》九《く》るマス計算法が愛されることを願っています。

●マップ教育センター 西葛西
〒134-0088
東京都江戸川区西葛西５－５－７
ＳＴＹビル３Ｆ

●マップ教育センター 西白井
〒270-1435
千葉県白井市清水口１－２－９
谷村ビル２Ｆ

●執筆協力／武藤拓生
（マップ教育センター 西白井）

●編集協力／吉田康志　大崎愛斗
伊藤龍也　鎌田雅大

●イラスト／赤木ひろし

●制作・編集・デザイン／アトリエ マジカナ

内容に関するお問い合わせ
アトリエ マジカナ　九九るマス計算法係
TEL. 03-6808-5785

小学生の計算力がぐんぐんアップ！
これぞ魔法の「九九るマス計算法」
～算数を大好きにさせる究極の計算シート～

2016年4月15日　初版1刷発行

著　者／大嶋 秀樹
大崎 哲也
監　修／マップ教育センター

発行者／増田 義和
発行所／株式会社 実業之日本社
〒104－8233　東京都中央区京橋3－7－5　京橋スクエア
<編集> TEL. 03 － 3535 － 5414　<販売> TEL. 03 － 3535 － 4441
実業之日本社 URL　http://www.j-n.co.jp/

印刷・製本／大日本印刷

ISBN978-4-408-41674-8 C0041（教育図書）